ACTUALITÉS SCIENTIFIQUES.

LA MACHINE DE GRAMME

SA THÉORIE ET SA DESCRIPTION

PAR

ANTOINE BREGUET
Directeur de la *Revue scientifique*

PARIS
GAUTHIER-VILLARS, IMPRIMEUR-LIBRAIRE
DU BUREAU DES LONGITUDES, DE L'ÉCOLE POLYTECHNIQUE
SUCCESSEUR DE MALLET-BACHELIER
Quai des Augustins, 55

1880

LA

MACHINE DE GRAMME

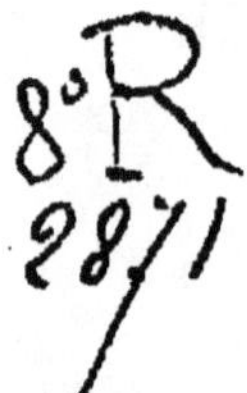

Paris. — Imp. Gauthier-Villars, 55, quai des Grands-Augustins.

ACTUALITÉS SCIENTIFIQUES.

LA MACHINE DE GRAMME

SA THÉORIE ET SA DESCRIPTION

PAR

ANTOINE BREGUET

Directeur de la *Revue scientifique*.

PARIS

GAUTHIER-VILLARS, IMPRIMEUR-LIBRAIRE

DU BUREAU DES LONGITUDES, DE L'ÉCOLE POLYTECHNIQUE

SUCCESSEUR DE MALLET-BACHELIER

Quai des Augustins, 55

1880

LA MACHINE DE GRAMME

SA THÉORIE ET SA DESCRIPTION

INTRODUCTION

Il ne faut pas confondre les découvertes avec les inventions. Celles-ci sont seulement des applications des premières, mais il arrive souvent qu'elles leur cèdent peu en importance, au point de vue des résultats. Une découverte qui ne donnerait pas lieu à des inventions, reste, sinon inutile, du moins stérile, tandis qu'une invention donne toujours un nouvel éclat à la découverte dont elle découle.

Les piles sont venues à la suite de la pile à colonne de Volta; les premières machines magnéto-électriques, à la suite de l'expérience de Lenz; la télégraphie est née des observations d'Œrsted et d'Arago;

la bobine d'induction a été une conséquence des travaux de Faraday.

Les télégraphes appartiennent, à vrai dire, plutôt au domaine de la Mécanique qu'à celui de la Physique, aussi ne doit-on comparer la machine de Gramme qu'aux inventions purement électriques, comme la machine de Pixii et la bobine d'induction, laissant de côté la pile de Volta, qui constitue à la fois une découverte et une invention.

On peut affirmer alors que Gramme occupe le premier rang parmi les inventeurs qui ont illustré la science de l'électricité avant l'apparition du téléphone.

Sans chercher à rabaisser la machine de Pixii, il est pourtant permis de dire qu'elle découle si directement de l'expérience fondamentale de Lenz qu'elle n'en est qu'une forme particulière et qu'il était naturel qu'un esprit ingénieux eût l'idée de la réaliser. La machine de Clarke constitue à peine une invention, tant est petite la différence qui la sépare de la précédente.

Pour la bobine d'induction, il est impossible de nier qu'elle ne soit une invention vraiment originale; mais on doit ajouter qu'elle constitua une sorte d'invention collective. Sous sa première forme, que lui avaient donnée ses auteurs, MM. Masson et Breguet, elle ne fournissait que de bien courtes étincelles, et c'est grâce à M. Fizeau, qui lui adjoignit un condensateur, et à Foucault, qui y ajouta son interrupteur, que la bobine d'induction put atteindre la forme définitive sous laquelle elle prit le nom de bobine Ruhmkorf, du nom de son constructeur.

La machine de Gramme se présente tout autrement. En étudiant sa théorie exacte et sa disposition si complexe, il faut admettre chez son inventeur une sorte de divination. Et l'admiration augmente lorsque l'on songe que cette machine est sortie absolument parfaite des mains de M. Gramme, et cela dès son origine. Je ne sache pas, en effet, un seul perfectionnement sérieux qui ait été apporté à cette machine depuis son début dans l'industrie, début qui a suivi de deux années à peine sa réalisation première.

La machine de Gramme a été la cause d'une véritable révolution industrielle, qui ne semble pas même aujourd'hui près de se terminer. Cette machine a permis pour la première fois de fournir de la lumière électrique à des conditions de prix souvent inférieures à celles du gaz, et, en tout cas, avec une abondance et un éclat qu'on a été parfois jusqu'à lui reprocher.

La lampe Serrin, cette merveille de mécanisme, n'a pris son franc essor que du jour où elle a pu s'atteler à l'appareil Gramme.

La Galvanoplastie a renouvelé ses procédés, en mettant de côté ses bataillons de piles à acides, si encombrants et d'un entretien si onéreux.

La Photographie commence à utiliser la nouvelle lumière. On parle même de transporter la force à distance, en mettant à profit la réversibilité des machines magnéto-électriques.

Mais notre but n'est pas de parler ici des applications de la machine de Gramme; nous voulons seulement la décrire et en présenter la théorie, ou plutôt, afin de suivre un ordre plus logique et passer du simple au composé, nous exposerons sa théorie d'abord et sa description ensuite.

Je commencerai par rappeler en premier lieu les principes fondamentaux de l'électro-dynamique, puis ceux de l'électro-magnétisme, et, par une série d'appareils rudimentaires, on se trouvera conduit tout naturellement à la machine de Gramme et à celles du même genre.

J'ai eu la bonne fortune de donner la première théorie exacte de cette machine, au mois de janvier 1878, dans les *Annales de Chimie et de Physique;* le lecteur me permettra d'avoir souvent recours à ce travail, d'ailleurs fort élémentaire. La méthode dont je me suis servi pour faire l'étude comparée des courants et des aimants n'est pas celle de notre illustre compatriote Ampère, mais celle de Faraday, qui m'a semblé plus commode et d'un usage plus facile. Je compte justifier cette préférence, lorsque j'en aurai fait comprendre l'emploi.

I

ÉTUDE COMPARÉE
DES AIMANTS ET DES COURANTS

Les phénomènes magnétiques et les phénomènes électriques se rattachent les uns aux autres par certains rapports, par certain liens qui ont été étudiés pour la première fois par Ampère, à la suite de la célèbre découverte d'Œrsted.

C'est Ampère, en effet, qui le premier a réussi à établir qu'un système de courants peut, dans tous les cas, remplacer un système d'aimants, bien que le théorème réciproque ne soit pas vrai.

Les aimants et les courants partagent donc un certain nombre de propriétés, et c'est précisément de ces propriétés communes, considérées en elles-mêmes et dans leurs rapports, que va traiter la première partie du présent travail.

Je rappellerai d'abord les propriétés des aimants.

Je m'occuperai ensuite de celles des courants.

Après avoir ainsi fait deux études distinctes de ces propriétés, je serai naturellement conduit à comparer entre eux les aimants et les courants, à les examiner dans leurs effets, dans leurs réactions mutuelles, ce qui me mettra à même d'entreprendre l'analyse des éléments plus complexes qui constituent les machines magnéto-électriques.

I. — Aimants.

1. Il est facile de constater qu'un barreau aimanté exerce autour de lui une action d'un genre particulier. Lorsqu'on en approche une aiguille en acier ou en fer, cette aiguille prend une position d'équilibre bien déterminée pour chacun des points de l'espace. Les oscillations plus ou moins rapides qui animent l'aiguille avant que cet équilibre soit atteint témoignent de la grandeur de la force en chaque point. Si les oscillations sont courtes et rapides, c'est que la force est considérable : si elles sont longues et lentes, c'est que la force est peu intense. L'expérience montre ainsi que, plus on s'éloigne du barreau, plus la force diminue.

Cet espace indéfini qui environne l'aimant a reçu le nom de champ magnétique. On exprime simplement par là que, dans ce champ, dans cet espace, existent des influences magnétiques. On peut encore dire qu'un champ magnétique est un espace en chaque point duquel une aiguille aimantée librement suspendue ne se trouve pas en équilibre indifférent.

Les constantes d'un champ magnétique se réduisent à la grandeur et à la direction de la force en chaque point.

Comme je l'ai dit, la grandeur de la force peut se déterminer par la méthode d'oscillation ; la direction de cette force est donnée par celle de l'aiguille, lorsque celle-ci a atteint sa position définitive d'équilibre.

2. Afin d'explorer d'une manière complète un champ magnétique, il faut mesurer ses constantes en chacune de ses régions. Pour y parvenir, on pourrait employer un grand nombre d'aiguilles mobiles de petites dimensions; on les placerait autour de l'aimant et l'on aurait ainsi une sorte de vue d'ensemble des propriétés particulières du champ. C'est là une méthode fort logique, qu'il est possible de perfectionner notablement en remplaçant les aiguilles mobiles par de simples grains de limaille de fer. La *fig.* 1, qui n'est autre chose que la reproduction photographique d'une véritable expérience, montre que chacun de ces petits grains s'oriente comme l'aiguille de fer, lorsque, par quelques trépidations données au papier, la limaille arrive à vaincre la résistance due au frottement. Les figures ainsi formées ont reçu le nom de *fantômes magnétiques* Elles ont été réalisées

pour la première fois par W. Gilbert, médecin de la reine Élisabeth. Ces lignes courbes suivant lesquelles se rangent les grains de fer indiquent en chacun de leurs points la direction de la force.

Fig. 1.

C'est pour cette raison que Faraday les a appelées *lignes de force* (¹).

(¹) Faraday définit la ligne de force : la ligne que décrit une très petite aiguille aimantée, déplacée dans la direction de sa longueur de manière à toujours rester tangente à sa ligne de déplacement; en d'autres termes, c'est l'enveloppe des diverses positions de l'aiguille. (FARADAY, *Experimental researches in Electricity*, t. III, p. 328.)

3. Les lignes de force semblent prendre naissance dans le voisinage des extrémités de l'aimant; elles s'épanouissent dans diverses directions et retournent toujours à l'extrémité opposée à celle d'où elles sont parties. Il convient d'admettre que ces lignes se prolongent et se referment à travers la masse intérieure du barreau. Les lignes de force sont donc toujours des *courbes fermées*, d'après cette dernière convention. En outre, elles n'ont pas seulement une direction, mais un sens, car elles possèdent des qualités opposées dans des directions opposées, comme on le verra plus loin.

4. Pour affecter des formes si inattendues, si particulières, il est évident que les lignes de force doivent obéir à de certaines lois. Ces lois ont été indiquées par Faraday. Elles sont au nombre de deux :

Première loi de Faraday. — *Toute ligne de force tend toujours à être aussi courte que possible.* — Cette loi exprime que l'on doit se figurer une ligne de force comme un fil élastique, dont les deux points d'attache sont ceux où elle pénètre dans la masse de l'aimant. Cette ligne tendrait donc naturellement à coïncider avec la droite qui réunit ces points d'attache; mais, si cette première loi existait seule, toutes les lignes de force seraient rectilignes, tandis que l'expérience les a montrées courbes. C'est qu'en effet, une seconde loi vient s'opposer en partie aux effets de la première.

Cette seconde loi peut s'énoncer ainsi :

Deuxième loi de Faraday. — *Deux lignes de force parallèles et de même force se repoussent.* — Alors, puisque deux lignes parallèles se repoussent, il est naturel qu'elles s'écartent l'une de l'autre en vertu de leur élasticité, et qu'elles prennent cette forme arquée que les fantômes ont révélée.

5. Avant d'étudier les conséquences de ces deux premières lois et de les vérifier sur un certain nombre d'exemples, je vais indiquer une troisième loi que révèle encore le simple aspect des lignes de force.

Au lieu de prendre le fantôme magnétique d'un aimant horizontal, je vais considérer le fantôme que l'on obtiendrait dans un plan mené perpendiculairement au barreau dans le voisinage de ses extrémités.

Ici, toutes les lignes de force rayonneraient en ligne droite à partir de l'aimant, et, si l'on imagine que cette extrémité de l'aimant soit isolée et séparée du reste du barreau, on conçoit que les lignes de force rayonneraient, non seulement dans le plan de la figure, mais encore dans toutes les directions de l'espace, comme font les rayons d'une source lumineuse.

Troisième loi. — *Le nombre de lignes de force qui passent en chaque point est proportionnel à la grandeur de la force en ce point.*

En effet, on sait par expérience que l'intensité

de la force magnétique décroît en raison inverse du carré de la distance, et c'est une propriété qu'il est aisé de vérifier à l'aide d'une aiguille mobile, par la méthode des oscillations.

Or, par suite du rayonnement des lignes de force, leur nombre, sur une surface sphérique constante (le centre de la sphère coïncidant avec le centre d'émission magnétique), décroît en raison inverse du carré du rayon, ce qui constitue sous une autre forme l'énoncé de la troisième loi.

On pourrait reprocher justement à l'expression de *nombre de lignes de force* de n'être pas suffisamment correcte, car il serait impossible de fixer l'unité de ligne de force. Mais c'est là une forme de langage que nous emploierons pourtant, en raison de sa commodité, bien qu'il ne soit pas plus correct de parler de nombre de lignes de force que de nombre de filets liquides dans un cours d'eau.

6. En résumé :

1° La ligne de force est donnée en un point par la direction et le sens de la position d'équilibre d'une aiguille aimantée infiniment courte et réduite à son axe magnétique;

2° L'intensité en un point du champ est représentée par la densité des lignes de force en ce point, c'est-à-dire par le rapport du nombre des lignes de force qui coupent un petit cercle décrit autour du point comme centre à la surface de ce cercle, lorsque celle-ci tend à devenir nulle.

On sait maintenant tout ce qu'il est nécessaire de connaître sur les lignes de force pour prévoir la majeure partie des phénomènes magnétiques. Quelques exemples serviront à vérifier la grande fécondité de cette manière de voir.

Fig. 2.

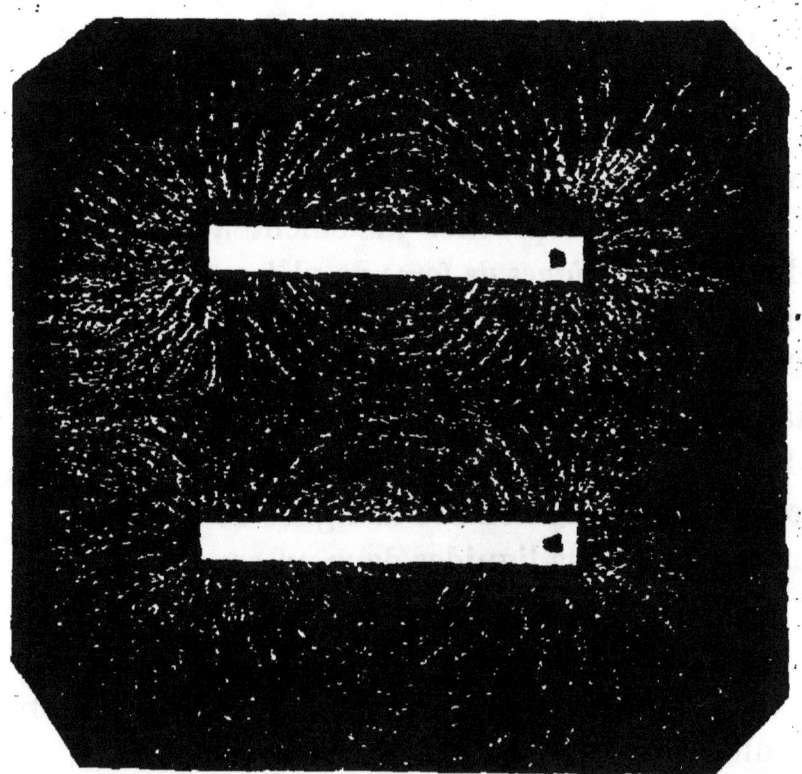

7. La *fig.* 2 représente deux aimants parallèles et de même sens. On saupoudre le plan sur lequel ils reposent de limaille de fer. Tout à l'heure (*fig.* 1), le champ magnétique était le même de part et d'autre de l'aimant. Ici, il ne présente pas la même symétrie. Les arcs qui se trouvent au-dessus de

l'aimant supérieur s'étendent plus loin que les arcs inférieurs, et ce sont les lignes de force du second aimant qui repoussent celles du premier, les concentrent dans un espace relativement resserré et accroissent, par conséquent, leur densité dans cette région.

Et puisque nous savons que deux lignes de force parallèles et de même sens se repoussent, nous en concluons que les deux aimants, dont les lignes de force sont solidaires, ont une tendance à s'écarter l'un de l'autre, à se repousser.

8. Passons à un second exemple. Voici deux aimants dont les extrémités contraires se font vis-à-vis (*fig.* 3). Les directions de leurs lignes de force intérieures se trouvent dans le prolongement l'une de l'autre. Il est alors tout naturel que deux lignes qui appartiennent chacune à un aimant différent se réunissent pour faire route ensemble, en vertu de la première loi ; mais cela, à la condition que leur nouvelle longueur soit plus courte que la somme de leurs longueurs primitives. C'est ce qui nous explique pourquoi, dans cette figure, un certain nombre de lignes de force se ferment sur un seul barreau, tandis qu'il en est d'autres qui traversent les deux barreaux de part en part.

Nous pouvons maintenant comprendre en vertu de quoi et dans quelles conditions deux aimants s'attirent ou se repoussent. S'ils s'attirent, c'est pour rendre encore plus courtes les lignes de force qui les réunissent l'un à l'autre. S'ils se repoussent, c'est pour résister à la déformation que chacun d'eux fait subir aux lignes de force de l'autre. Ainsi, selon les directions relatives de leurs lignes

Fig. 3.

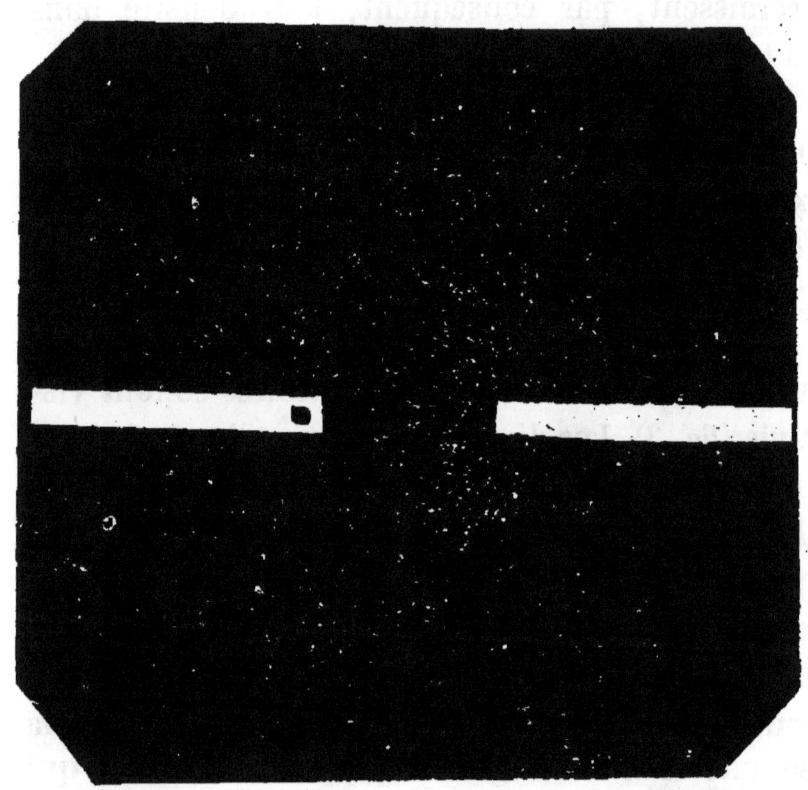

de force, on obtiendra une attraction ou une répulsion.

9. Une autre expérience va fournir un exemple d'attractions et répulsions combinées. Dans un vase rempli d'eau, flottent de petites aiguilles verticales, supportées par des morceaux de liège. Ces aiguilles sont aimantées et disposées de manière à

se repousser toutes les unes des autres. Au-dessus du centre du vase, on place un aimant, qui, lui, attirera tous les flotteurs. Sous son influence, ceux-ci vont chercher à se placer au milieu du liquide, pour être aussi près que possible de l'aimant. Mais leurs répulsions réciproques les en empêchent, si bien que, suivant leur nombre, ils présenteront des figures caractéristiques différentes. *Deux* aiguilles se placeront de part et d'autre du centre, *trois* formeront un triangle équilatéral, *quatre* un carré, *cinq* un pentagone, et ainsi de suite. C'est là une expérience curieuse et facile à répéter pour tout le monde.

II. — Courants.

10. Dans cette première partie, on a compris le rôle des lignes de force pour ce qui regarde le magnétisme des aimants. Il nous reste à présent à mettre en évidence le magnétisme des courants, afin de pouvoir examiner les actions qui s'exercent entre les uns et les autres, entre les aimants et les courants.

Les fantômes magnétiques des courants diffèrent de ceux que l'on vient de voir. Que l'on jette de la limaille de fer autour d'un conducteur vertical traversé par un courant, et l'on verra aussitôt cette limaille se disposer en circonférences concentriques autour du fil (*fig.* 4). Ce sont bien là des lignes de force; il est donc établi qu'un courant exerce des actions magnétiques. Ici, les lignes de force sont des courbes fermées, et ne sont interrompues par aucune substance solide. Leurs propriétés sont

Fig. 4.

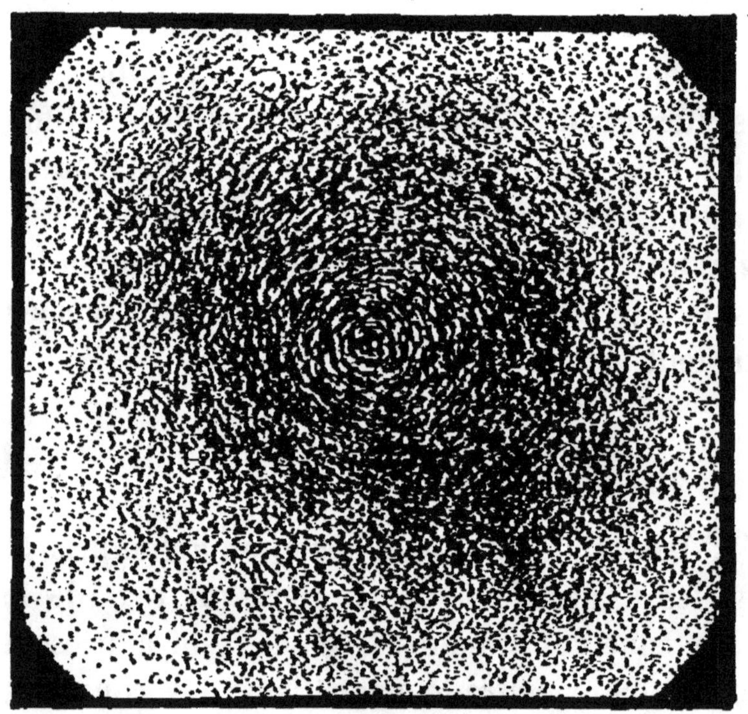

identiques à celles des lignes de force des aimants. Elles obéissent aux mêmes lois.

11. Si le courant, au lieu d'être vertical, est parallèle au plan du tableau, les lignes de force obtenues dans ce cas coupent toutes le conducteur à angle droit; ce sont les projections, les profils des circonférences de tout à l'heure (*fig.* 5). Or, nous savons que les lignes de force parallèles se repous-

sent; nous devons en conclure que le courant est sollicité à s'allonger. C'est là une des propriétés des courants qui a été découverte par Ampère et que nous venons de retrouver par un autre procédé.

Fig. 5.

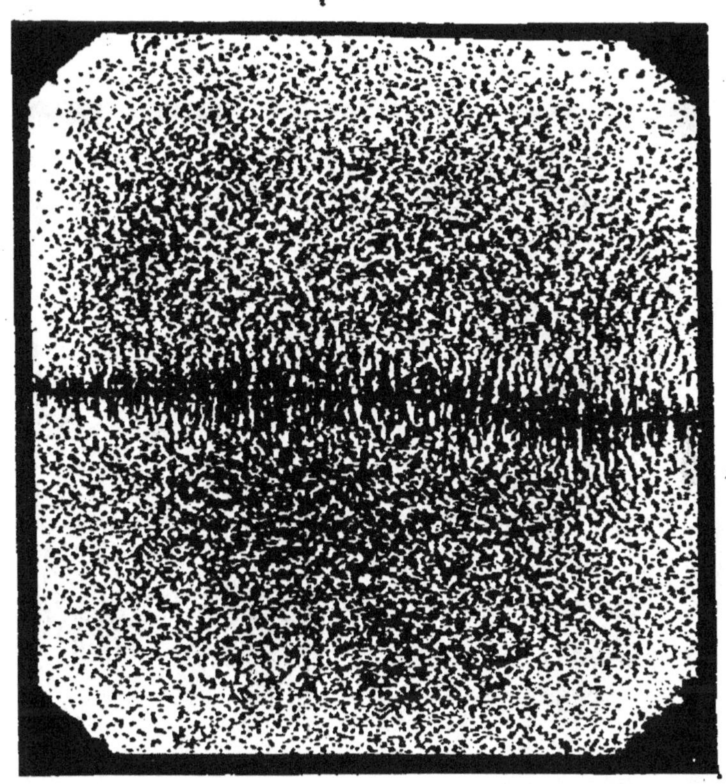

12. Examinons maintenant l'influence de deux courants voisins et parallèles. S'ils sont de même direction, leur fantôme magnétique est celui de la *fig.* 6. Les lignes de force de ces deux courants trouvent avantage à se réunir et à faire route ensemble, tant que la longueur de cette nouvelle

courbe est inférieure à la somme des deux circonférences que chacune d'elles décrirait autour de son propre conducteur en l'absence de l'autre. Il convient de remarquer que cette courbe qui enveloppe les deux courants tend, d'après nos principes

Fig. 6.

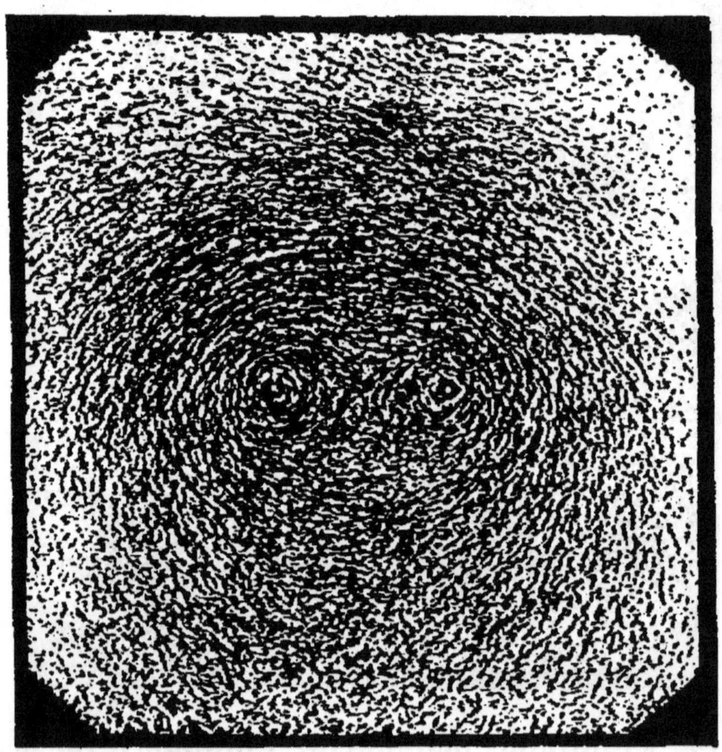

fondamentaux, à se raccourcir, c'est-à-dire à se contracter. Par conséquent, si les deux conducteurs sont libres de se mouvoir, ils marcheront l'un vers l'autre, ils s'attireront.

13. Si au contraire les courants sont de direction opposée, ce sont des lignes de force de

même sens qui se trouvent en présence (*fig.* 7). D'après le second principe de Faraday, ces lignes se repoussent, et par cette raison les deux conducteurs ont tendance à s'écarter l'un de l'autre; ils se repoussent. Nous avons ainsi retrouvé, par la con-

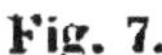

Fig. 7.

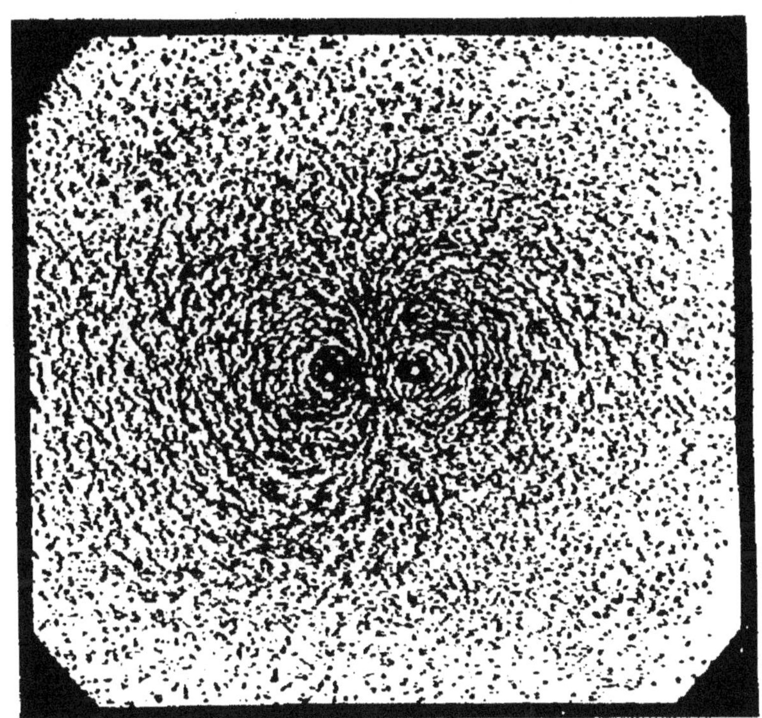

sidération des lignes de force, les célèbres propositions d'Ampère :

Deux courants parallèles et de même sens s'attirent.

Deux courants parallèles et de sens contraire se repoussent.

14. On n'aura pas grand'peine à admettre que les lignes de force aient d'autant plus de facilité à se former qu'elles se trouveront comprises dans des milieux plus magnétiques. Il faut en conclure que le même courant qui mettrait en liberté 100 lignes de force dans l'air, en dégagerait, si je puis employer ce terme, un bien plus grand nombre si ces lignes pouvaient se loger en tout ou en partie dans une masse de fer voisine. De là un procédé pour exalter l'intensité d'un champ magnétique produit par une source électrique donnée. On loge dans l'intérieur d'une sorte de bobine constituée par le courant un barreau de fer doux, et c'est la présence de ce fer qui permet au courant de produire une bien plus grande quantité de lignes de force. Celles-ci sont mises à profit pour effectuer des attractions énergiques. Tel est le principe sur lequel repose la construction des électro-aimants, qui rendent tant de services dans toutes les applications de l'électricité.

III.-- Influence réciproque des aimants et des courants.

15. Arrêtons-nous un instant pour mesurer le chemin que nous avons déjà parcouru. Je viens de soumettre l'étude des courants à la même méthode qui m'avait servi pour exposer les propriétés des aimants, et c'est grâce à la considération des lignes de force que j'ai pu le faire. Les mêmes lois m'ont

servi dans les deux cas; rien n'a distingué la seconde étude de la première, comme procédé d'investigation. Par là, nous avons été naturellement amenés à nous représenter les courants électriques comme des aimants d'une espèce particulière. On a même pu remarquer que les attractions et les répulsions des courants parallèles et les attractions et les répulsions des aimants étaient respectivement des conséquences immédiates des mêmes principes. — C'est en effet la loi de la contraction d'une ligne de force qui fait marcher l'un vers l'autre deux aimants ainsi que deux courants. — Et c'est la loi de la répulsion des deux lignes de force parallèles qui les oblige à s'écarter les uns des autres.

16. Lorsqu'il s'agit de comparer et d'étudier dans leurs rapports deux phénomènes en apparence dissemblables, ce qu'on doit tout d'abord chercher à leur appliquer, c'est une commune mesure. Il faut donc, à l'aide d'hypothèses convenables et justifiées, envisager ces phénomènes sous un même aspect. C'est ce que les principes de Faraday m'ont permis de faire. Un courant, un aimant n'existe, pour nous, que par ses lignes de force, et à ce titre nous n'aurons pas plus de peine à comparer un aimant et un courant que nous n'en avons eu à comparer les aimants entre eux et les courants entre eux, puisque dans tous les cas cela revient à comparer entre elles des lignes de force.

C'est de cette comparaison, c'est de l'influence

réciproque des champs magnétiques des courants et des aimants que je vais dès à présent m'occuper.

17. Nous reconnaissons le fantôme de la *fig.* 8; mais à la partie supérieure se trouve un courant perpendiculaire au papier dont il n'a pas été encore

Fig. 8.

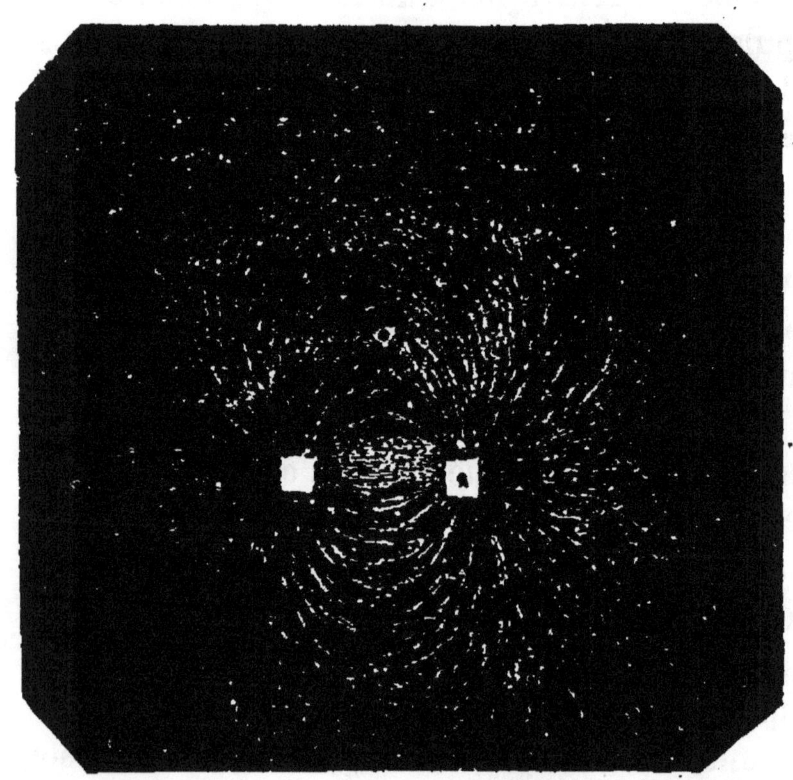

question. Ce courant repousse, comme on le voit, au-dessous de lui la plupart des lignes de force de l'aimant, et celles-ci, pour résister à cette déformation, vont alors solliciter le fil conducteur à s'éloigner au-dessous d'elles; puis les nouvelles lignes de force influencées continueront l'effet des premières, si bien que le courant se trouvera sans cesse renvoyé vers le bas de la figure. Au contraire, si le sens du courant était renversé, le déplacement s'effectuerait de bas en haut. Par conséquent, si, à des intervalles de temps convenables, le signe du

Fig. 9.

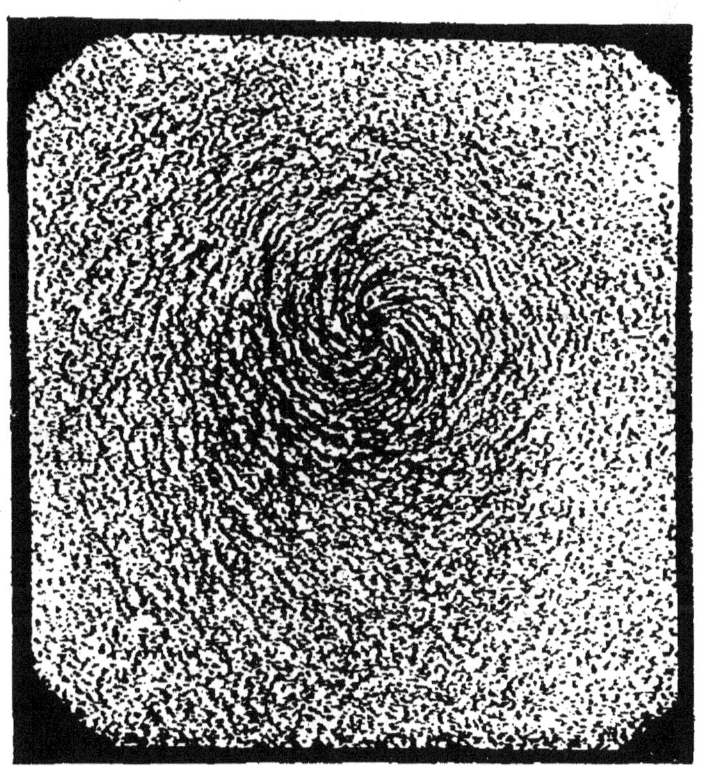

courant était changé, on verrait le conducteur exécuter une série de mouvements de va-et-vient de part et d'autre de la ligne médiane.

Il est aisé de transformer ce mouvement rectiligne en un mouvement circulaire, comme nous le verrons plus loin.

18. Passons à un second exemple de rotation électro-magnétique. Prenons un vase rempli d'eau; au moyen d'un axe métallique central, on fera passer dans le liquide un courant qui le traverse du centre à la circonférence. Nous aurons ainsi comme un rayonnement, comme un épanouissement de courants à partir du centre. Au-dessus du vase et en son milieu, se trouve un aimant vertical. Les lignes de force de l'aimant et celles du courant vont s'influencer, dans ces conditions, de manière à fournir un champ magnétique semblable à celui qui est représenté (*fig.* 9). Ces lignes de force, tordues en spirale, vont chercher à se redresser pour résister à la déformation que leur fait éprouver le courant électrique. La nappe liquide prendra donc un mouvement de rotation sous cette influence. Selon l'extrémité de l'aimant qui se trouve en présence du liquide, le mouvement s'effectuera dans un sens ou dans l'autre.

Les études précédentes ont dû montrer combien la considération des lignes de force présente d'avantages. Si j'avais défini les aimants par leurs pôles, j'aurais été fort embarrassé de dire ce que l'on doit entendre par les pôles d'un courant. Qu'est-ce, en effet, que les pôles d'un aimant ? Ce sont les régions où les lignes de force pénètrent dans la masse d'acier et en ressortent. Rien de semblable ne se rencontre dans les courants, puisque les lignes de force sont toutes à l'extérieur du conducteur. Un courant n'a donc pas de pôles. Il s'ensuit que la considération des pôles ne fournit pas de trait d'union entre les aimants et les courants. On pourrait, il est vrai, définir les aimants par les courants élémentaires d'Ampère, mais cette méthode n'aurait pas l'avantage de parler aux yeux comme le font les fantômes magnétiques.

II

THÉORIE

DE LA MACHINE DE GRAMME

La machine de Gramme est réversible. La rotation de sa bobine donne naissance à un courant électrique, et, réciproquement, si un courant traverse la bobine, cette dernière se mettra à tourner autour de son axe. En raison de cette réversibilité si complète, toute théorie acceptable de la machine, prise comme électromoteur, doit pouvoir se retourner de toutes pièces pour expliquer la machine comme source de courant.

Les démonstrations qui ont généralement cours ne m'ont pas paru remplir ces conditions. Pour expliquer la machine de Gramme en tant que source de courant, on a coutume de supposer sa bobine développée sur un plan, et l'on vérifie alors que, sous cette nouvelle forme, les mêmes phénomènes persistent ; mais l'analyse n'est pas poussée plus loin : on constate, on ne démontre pas.

Lorsqu'il s'agit de la machine prise comme électromoteur, voici l'explication la plus ordinaire de son fonctionnement. Par la disposition même des frotteurs, le courant parcourt le circuit de la bobine de manière à développer dans l'anneau de fer un pôle austral (par exemple) à son entrée et un pôle boréal à sa sortie. Ces deux pôles se trouvent soumis à l'action de ceux de l'aimant extérieur et se déplacent pour obéir aux effets connus d'attraction et de répulsion. Rien de plus exact si les prises de courant étaient mobiles avec la bobine; mais les conditions mécaniques de l'appareil ne le permettent justement pas. Dès lors, il est facile de montrer que, si l'anneau tournait en vertu de cette théorie, le principe de la conservation de l'énergie serait infirmé. On pourrait, en effet, réaliser un système auquel s'appliqueraient les mêmes explications, sans dépense aucune d'énergie: il suffirait pour cela de déterminer la même distribution magnétique par l'influence des deux pôles d'un aimant fixe.

J'ajouterai, d'ailleurs, que la précédente manière de voir repose en grande partie sur la participation de l'anneau de fer au mouvement de rotation de la bobine, participation tout à fait indifférente, comme je le montrerai, au jeu de l'appareil.

La machine que présenta Faraday (1831), et que remit en lumière M. Le Roux dans ces dernières années, n'est que la roue de Barlow (1828), sans modifications sensibles. Les machines de Barlow ou de Faraday donnent bien naissance à un courant continu et de même signe sous l'influence d'une rotation continue et de même sens, mais ce courant n'est produit que dans un seul conducteur; sa tension ne dépend donc que de l'intensité du champ magnétique et de la vitesse de rotation, qui ne peuvent acquérir, dans la pratique, que des valeurs insuffisantes à l'obtention d'un courant utilisable. On conçoit que, si plusieurs machines de Faraday étaient associées par leurs pôles de noms contraires, le courant posséderait une tension proportionnelle au nombre de ces machines; mais ce serait là une solution peu élégante et qui exigerait autant de frotteurs qu'il y aurait de machines.

Ce travail aura pour objet d'établir comment la machine de Gramme réalise une première et ingénieuse solution de cet intéressant problème.

Le principe fondamental qui me servira de base est celui de la réaction d'un aimant et d'un conducteur parcouru par un courant. Je commencerai donc par rappeler les expériences les plus simples auxquelles il donne lieu. Sa réversibilité absolue m'autorisera à l'invoquer sous la forme qui me semblera la mieux adaptée aux questions particulières que j'aurai à résoudre, et, lorsque je m'en serai servi pour démontrer le mouvement d'un courant sous l'influence d'un aimant, il sera, par là même, également démontré que le même courant prendra naissance dans le conducteur si ce dernier est contraint mécaniquement à effectuer le même mouvement.

Il demeure toutefois bien entendu que « le déplacement relatif *d'un courant* causé par la présence d'un aimant » veut dire « déplacement *du conducteur* parcouru par le courant ». Une force mécanique agit, en effet, non sur une masse d'électricité, mais seulement sur la substance matérielle qui porte cette masse. La seule force qui puisse s'exercer sur une masse électrique est la force électromotrice ([1]).

ROTATIONS ÉLECTROMAGNÉTIQUES.

19. Les lignes de force d'un champ magnétique, telles que les a définies Faraday, sont de l'usage le plus commode lorsqu'on veut concevoir sans difficulté quelles sont les actions réciproques des aimants et des courants. Il faut certainement se garder d'attribuer à ces lignes une existence réelle, de même que, lorsque l'on emploie l'expression de *courant électrique*, il ne faudrait pas donner à croire que l'on a une foi absolue dans l'existence d'un *courant*, au sens propre du mot. C'est un procédé de représentation, de simplification. On amène

([1]) MAXWELL, *Electricity and Magnetism*, t. II, p. 144.

ainsi, par voie de comparaison, d'image, les phénomènes abstraits à revêtir une forme familière sur laquelle les raisonnements ont plus de prise.

Les propriétés que Faraday a reconnues aux lignes de force sont, on se le rappelle, les suivantes :

1° Ces lignes tendent à se raccourcir ;

2° Des lignes de force de même sens, placées côte à côte, se repoussent.

L'aspect d'un champ magnétique quelconque, tel qu'on peut l'obtenir sur une feuille de carton à l'aide de limaille de fer, peut très aisément se prévoir avec le secours de ces deux définitions. La première conduit, comme on l'a vu plus haut, à se figurer une ligne de force comme un fil élastique dont les points fixes sont ceux où elle pénètre dans la masse de l'aimant. Cette ligne vient-elle, par une cause extérieure, à subir un allongement, ses points d'attache tendront à se déplacer jusqu'à ramener la ligne de force au minimum de longueur que comportent les conditions générales du système.

20. La *fig.* 10 montre l'exemple d'un champ de l'action magnétique sur un courant. N et S sont les deux pôles d'un aimant situé au-dessous d'un fil métallique perpendiculaire au plan de la figure et faisant partie d'un circuit fermé. Le courant qui traverse ce conducteur, d'arrière en avant, détermine un champ magnétique dont les lignes de force sont en projection des circonférences concen-

triques au fil. Les champs magnétiques de l'aimant et du courant réagissent l'un sur l'autre, et leurs lignes de force se distribuent de manière que, en définitive, leur tendance répulsive fasse équilibre

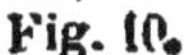
Fig. 10.

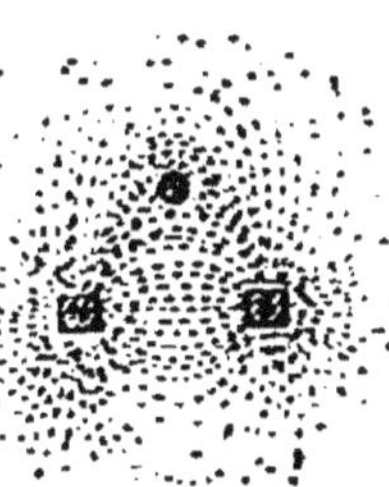

à leur tendance à se raccourcir. La simple inspection de ce fantôme magnétique montre quel sera le mouvement relatif de l'aimant et du conducteur. Les lignes de force qui contournent ce dernier agissent de façon à le diriger vers le bas de la figure. Si le courant était, au contraire, dirigé d'avant en arrière, le conducteur serait sollicité à se déplacer en sens inverse.

Il importe de remarquer que ces déplacements obéissent aux règles d'Ampère : si le courant est personnifié par un observateur traversé par lui des pieds à la tête, la position d'équilibre vers laquelle tend le système est celle où l'observateur verra le pôle austral de l'aimant à sa gauche et le pôle boréal à sa droite.

Le principe de cette expérience n'est autre que celui de la roue de Barlow et du disque tournant de Faraday.

Les *fig.* 11 et 12 montrent justement la roue de Barlow et le disque tournant de Faraday. Il suffit

Fig. 11.

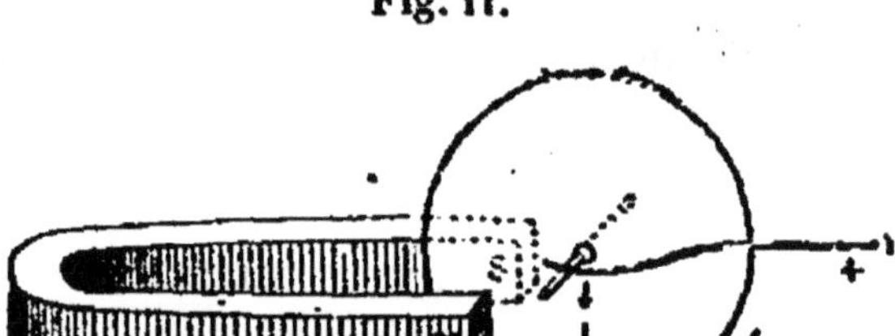

de les examiner un instant pour y retrouver tous les éléments de la *fig.* 10 et par conséquent pour en comprendre le jeu.

23. Réciproquement, si le conducteur est déplacé mécaniquement du haut en bas de la figure, il deviendra le siège d'un courant dirigé d'avant en

Fig. 12.

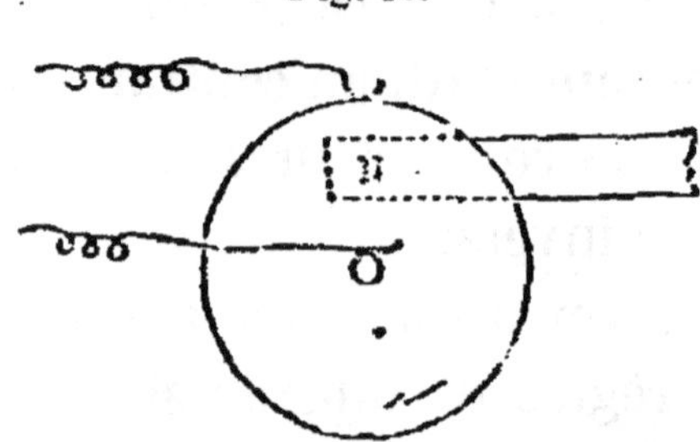

arrière, et, s'il est déplacé de bas en haut, le courant sera de signe contraire. On appelle ces courants *courants d'induction*. Leur tension est proportionnelle au nombre de lignes de force coupées par le conducteur en des temps égaux. Le nombre de ces lignes sert à définir l'intensité d'un champ magnétique en ses diverses régions. On peut dire ainsi (*voir* n° 6) que l'intensité en un point est proportionnelle à la densité des lignes de force en ce point. Il s'ensuit que la vitesse du déplacement du conducteur devra être d'autant plus grande pour engendrer un courant de force électromotrice constante que ce déplacement s'effectuera dans une région moins intense du champ magnétique.

Ces considérations vont me suffire pour exposer les divers trains mobiles dont le dernier terme constitue la machine magnéto-électrique de Gramme.

Premier système.

22. Cet appareil consiste (*fig.* 13) en un conducteur métallique deux fois recourbé à angle droit,

Fig. 13.

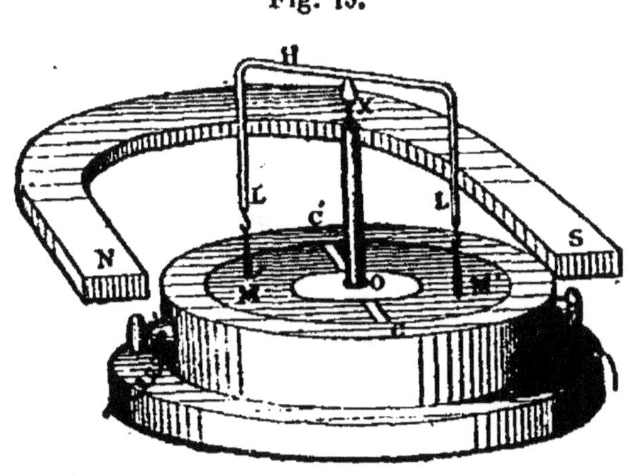

porté par son milieu sur la pointe d'un axe vertical X, l'axe de rotation du système. Les branches verticales L et L' plongent par leurs extrémités dans un canal circulaire contenant du mercure MM'. Les cloisons d'ébonite *c* et *c'* divisent ce canal en deux parties égales auxquelles aboutissent, par deux bornes, les rhéophores d'une pile. Afin que l'appareil ne trébuche pas, pendant la rotation, lorsque les cloisons *c* et *c'* sont rencontrées par ses branches, celles-ci sont terminées par de petits appendices articulés qui se soulèvent facilement à leur passage sur chaque cloison, pour retomber aussitôt dans le mercure adjacent.

Plaçons cet appareil dans le champ magnétique d'un aimant NS, de telle sorte que le diamètre *cc'* soit perpendiculaire à la droite qui joint les pôles. Le conducteur se mettra à tourner autour de son axe aussi longtemps qu'il sera traversé par le courant de la pile.

La *fig.* 14 montre la disposition en plan.

Fig. 14.

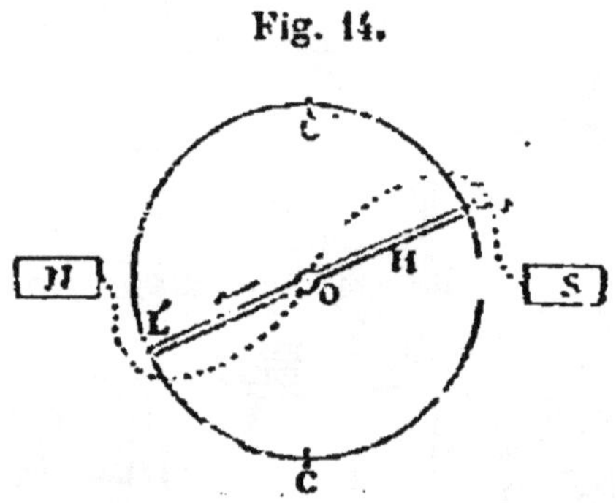

Pour expliquer cette rotation, j'examinerai successivement :

1° L'influence des branches verticales L et L';

2° Celle du fil horizontal H qui relie ces deux branches l'une à l'autre.

23. *Action des branches* L *et* L'. — La *fig:* 14 représente schématiquement la projection horizontale de l'appareil. La flèche qui accompagne le fil H indique la direction du courant dans ce fil et par conséquent dans les branches verticales.

L'examen du fantôme magnétique montre immédiatement que le fil L tend à se déplacer vers le bas, et le fil L' vers le haut de la figure. Ces fils trouveront ainsi leurs positions respectives d'équilibre en *c* et en *c'*. Mais, par son inertie même, le train mobile dépassera cette position. Chaque branche franchira la cloison d'ébonite et se trouvera aussitôt en contact avec le canal de mercure opposé à celui qu'elle vient de quitter. Les conditions premières d'équilibre sont alors renversées; c'est L qui cherche à atteindre *c'*, et L' qui se rapproche de *c*. A chaque demi-tour, la commutation du courant se produira au moment où le système mobile franchit sa position d'équilibre. Le mouvement est donc continu, et la rotation s'effectue dans le même sens.

Action du fil H. — La *fig.* 15 montre une projection verticale du même appareil. Une ligne de force AZB passe en avant de L' dans la première moitié de son parcours, et revient atteindre le pôle B en passant derrière L. La branche horizontale est donc soumise à deux actions de la part de cette ligne de force :

1° Cette ligne, rendue gauche par le courant H, tendra pour se raccourcir à devenir plane, et fera pivoter le conducteur horizontal autour de son milieu, jusqu'à l'amener à être perpendiculaire au plan AXB. On voit immédiatement que cet effet s'ajoute à celui des branches verticales qui vient d'être analysé.

Fig. 15.

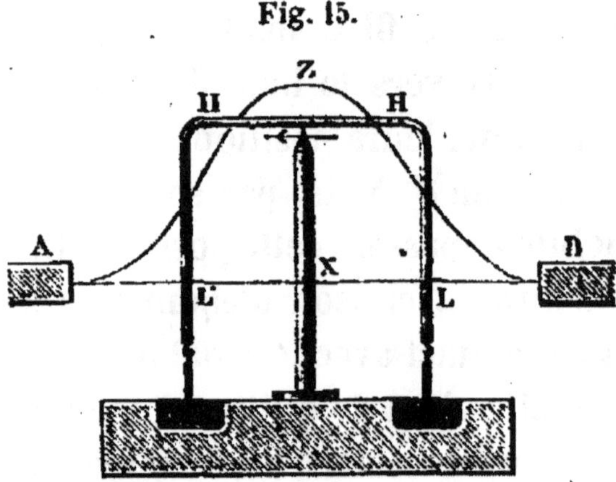

2° La ligne de force, toujours pour se raccourcir, cherchera à augmenter son rayon de courbure, c'est-à-dire à se rapprocher de la ligne droite AB. Par suite, elle fera effort pour abaisser tout d'une pièce le conducteur H; mais les dispositions mécaniques de l'appareil n'autorisent pas un tel déplacement; la crapaudine sera seulement pressée avec plus de force contre son pivot.

Autrement dit : la première influence n'a que des composantes horizontales, et la seconde qu'une composante verticale de nul effet dans l'application qui nous occupe.

24. Comme, dans cette étude, je ne décrirai que des appareils pivotant sur un axe vertical, je ne tiendrai désormais aucun compte des composantes verticales qui pourront agir sur les circuits mobiles. Je suis donc en droit de supposer que toutes les lignes de force du champ magnétique sont situées dans des plans perpendiculaires à l'axe de rotation, ce qui supprime toute influence des fils horizontaux.

Ces suppositions ont seulement pour but de rendre plus clair l'exposé des divers cas plus complexes qui vont suivre.

Afin de simplifier le langage, j'appellerai :

Diamètre de commutation le diamètre cc' des cloisons ;

Champ galvanique, le champ magnétique développé par les courants des circuits mobiles, pour éviter de le confondre avec le champ magnétique proprement dit, c'est-à-dire celui des aimants ou électro-aimants fixes.

25. Je puis modifier le train à deux branches de la manière suivante : les fils verticaux sont prolongés à leur partie inférieure par deux arcs de circonférence dont le plan est horizontal. Ces arcs (*fig.* 16) portent, chacun en son milieu, un appendice articulé identique à ceux de L et L'. De cette façon, les canaux de mercure peuvent n'occuper

qu'un arc de 90 degrés, au lieu de 180 degrés, sans que le courant cesse jamais de circuler dans le cir-

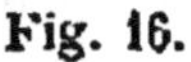

Fig. 16.

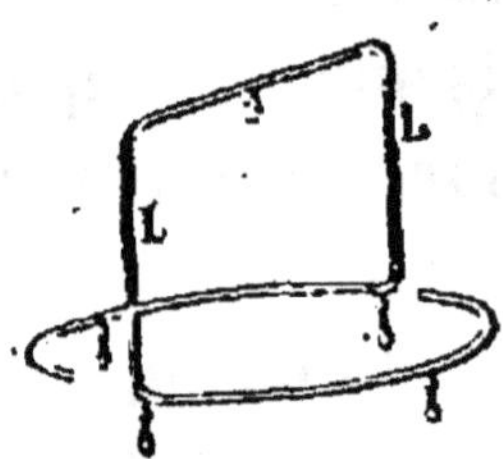

cuit, puisque, aussitôt qu'un appendice abandonnera le mercure, l'appendice suivant continuera ses fonctions.

Pour que le conducteur mobile subisse l'influence la plus grande possible, c'est-à-dire, pour qu'un courant donné le fasse tourner avec la plus grande rapidité, il est indispensable de disposer les secteurs mercuriels en des régions déterminées du champ magnétique. Si l'on considère un plan perpendiculaire à la ligne des pôles de l'aimant et passant par l'axe de rotation, que j'appellerai (quoiqu'il ne soit pas le seul) *plan vertical de symétrie du champ magnétique*, le conducteur devra être parcouru par des courants d'un certain signe à droite du plan et de signe contraire du côté opposé. C'est là la condition de meilleur fonctionnement du système. En effet, si d'un même côté de ce plan le conducteur est traversé, dans deux positions différentes, par des courants contraires, les deux effets se combattront; le moment du couple résultant sera donc diminué. De cette condition générale on peut aisément déduire la position la plus favorable des secteurs. La *fig.* 17 montre cette position dans le cas de la rotation rétrograde sous l'influence d'un courant dont le sens est indiqué par les flèches et d'un aimant dont le pôle austral est à gauche.

26. Si, au lieu de deux appendices, les arcs horizontaux de la *fig.* 16 en portent quatre, les canaux de mercure pourront n'occuper que 45 degrés (*fig.* 18), et en général ces secteurs seront d'autant plus courts que le nombre des appendices sera plus grand. Leur emplacement le plus avantageux se détermine facilement. Chacun d'eux doit se trouver tout

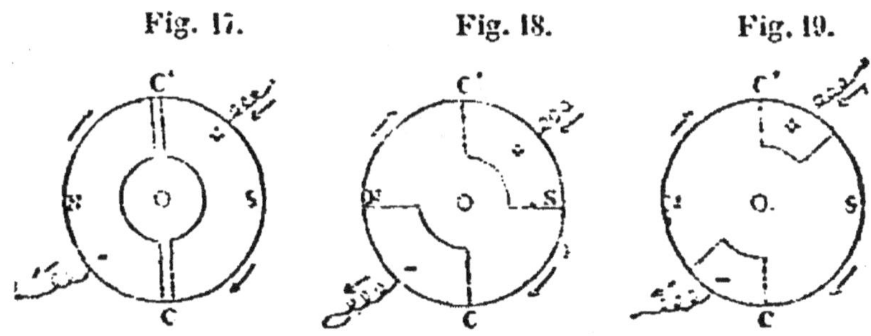

Fig. 17. Fig. 18. Fig. 19.

entier d'un même côté du plan vertical de symétrie, et chacun doit reposer contre ce même plan par une de ses extrémités. Si le nombre des appendices augmente de plus en plus, les secteurs finiront par n'occuper que l'espace rempli par les cloisons *c* et *c'* dans la première disposition (*fig.* 19). Les conducteurs mobiles seront d'ailleurs parcourus par un même courant et de la même manière dans les deux cas. Je suis donc amené à appeler encore *diamètre de commutation* le diamètre qui réunit deux arcs de mercure excessivement petits du système actuel.

Nous verrons que cette disposition est celle qui est commandée dans les appareils électromagnétiques les plus importants.

27. Il existe encore une autre variante du premier système, qui réalise un notable progrès, puisqu'elle permet d'obtenir, à l'aide du même courant, une rotation beaucoup plus rapide.

Imaginons (*fig.* 20) un fil enroulé autour d'un cadre rectangulaire semblable à celui d'un galva-

Fig. 20.

nomètre. Les deux extrémités du fil sont munies d'appendices semblables à ceux des appareils précédents. Le cadre peut, en outre, tourner librement autour de l'axe vertical *oo*. Il est facile de voir que tous les fils verticaux concourent à produire les mêmes effets; chacun fournit un couple qui s'ajoute à ceux de tous les autres. Si la résistance électrique du circuit est négligeable par rapport à celle de la pile excitatrice, l'intensité du courant ne sera pas sensiblement modifiée. Le moment du couple résultant sera donc proportionnel au nombre des spires; et, si cette grande longueur de fil n'accroît pas trop l'inertie du système mobile, celui-ci sera animé d'une vitesse considérable par rapport à celle de l'appareil à deux branches, toutes choses égales d'ailleurs.

Dans les divers trains mobiles qui vont suivre, on pourra toujours supposer chacun des fils comme formé d'un faisceau analogue à celui de la *fig.* 10, bien que, pour la clarté des figures et de l'exposition, il ne soit jamais question que d'un conducteur unique. Voilà donc un premier moyen de multiplier les effets électromagnétiques qu'il ne faudra jamais négliger.

Deuxième système.

28. Au lieu d'un seul train à deux branches, suspendons sur le même pivot quatre de ces appareils, de telle façon que leurs fils verticaux se trouvent à égale distance les uns des autres, ainsi que le représente la *fig.* 21.

1° Si le mercure s'étend de chaque côté sur un angle de 180 degrés, le nouveau système sera inférieur au précédent (*fig.* 13) comme rendement économique. En effet, chacun des secteurs partage également le courant qu'il apporte entre quatre conducteurs égaux; chacun de ces conducteurs est ainsi parcouru par un courant dont l'intensité est le quart de celle du courant d'un conducteur unique. Le champ galvanique n'est donc ni plus

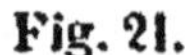

Fig. 21.

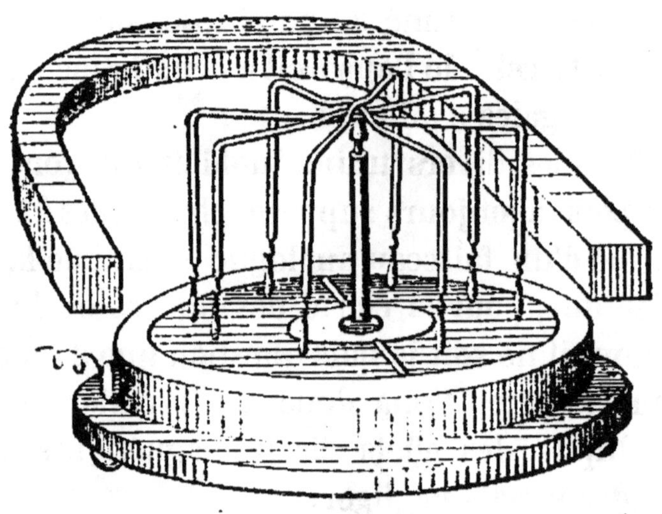

ni moins intense; il est seulement distribué d'une autre manière. Mais la masse de l'appareil mobile est aussi quatre fois plus grande, ses frottements sont augmentés. Cette disposition présente donc sur la précédente un désavantage qui n'est compensé par aucun nouvel avantage.

2° Si les secteurs mercuriels n'occupent qu'un angle de 45 degrés et si leurs milieux sont situés sur la ligne droite qui réunit les deux pôles, les conditions ne sont plus les mêmes. Un seul fil vertical à la fois sera parcouru par le courant de la pile. Le champ galvanique sera aussi intense que dans le premier système; mais il est continuellement amené à réagir sur la région la plus intense du champ magnétique. Son influence est donc mieux utilisée. Si l'inertie du nouvel appareil n'est pas trop augmentée, on conçoit que ce dispositif puisse constituer un perfectionnement.

Nous nous trouvons ainsi conduits à chercher le moyen de modifier les appareils précédents de manière à les faire profiter de ce dernier avantage, à savoir, d'être continuellement amenés à réagir sur la région la plus intense du champ. Au lieu de subir une seule impulsion à chaque demi-tour, le système pourrait alors en subir un grand nombre pendant chaque révolution et acquérir par là une uniformité de mouvement très désirable à tous les points de vue.

Les modes d'enroulement que nous allons maintenant passer en revue réalisent ces conditions et nous font toucher au dernier degré des progrès accomplis dans les rotations électromagnétiques.

Troisième système.

29. Soit un circuit (*fig.* 22) formé par un seul fil dont les deux extrémités sont soudées l'une à l'autre, de façon à constituer un circuit sans fin. A chaque croisement, les fils sont soigneusement

isolés l'un de l'autre. L'enroulement de ce conducteur peut se suivre à l'aide du numérotage des sommets, indiqué sur la figure. Les extrémités inférieures des branches verticales 1 — 3 — 5 — 7 sont terminées par de petits appendices destinés à plonger dans le mercure. L'appareil est d'ailleurs disposé de manière à pouvoir tourner librement autour de son axe de symétrie, lequel axe est vertical. Si le circuit extérieur communique avec les appendices 1 et 5, les fils verticaux qui se trouvent

Fig. 22.

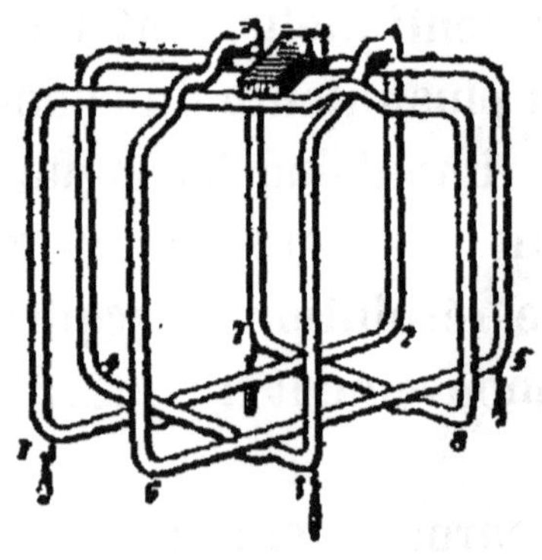

en avant du plan vertical 1.5 seront tous parcourus par des courants d'un même signe, et les fils verticaux situés en arrière du même plan seront tous parcourus par des courants de signe contraire. La résistance électrique d'un pareil circuit ne peut modifier d'une manière sensible l'intensité du courant, car la source voltaïque possède une résistance propre bien spérieure. Le courant qui circule dans un des fils verticaux, considéré isolément, a donc, à très peu près, la même intensité que celui qui traverserait une branche de l'appareil de la *fig.* 13.

Puisque le système actuel possède quatre branches, le champ galvanique mobile sera quatre fois plus intense (avec la même source électrique) que celui de l'appareil à deux branches. Il s'ensuit, si les auges de mercure occupent un arc de 90 degrés, que son action sur le champ magnétique sera plus grande, et qu'on aura ainsi réalisé un système tournant plus rapidement que le train à deux branches, sous l'influence d'un même courant, dans un même champ magnétique. En outre, puisque les secteurs mercuriels fournissent ici un courant pendant chaque quart de tour, les impulsions que reçoit le circuit mobile seront deux fois plus nombreuses que lorsque ces secteurs occupaient un arc de 180 degrés, comme dans le premier système.

Cet enroulement réunit donc deux qualités indépendantes de la source du courant et du champ magnétique, à savoir : rotation plus égale et multiplication du champ galvanique.

Ce mode particulier ne se borne pas à donner le seul circuit que nous venons d'étudier. Au lieu de huit conducteurs verticaux, il est aisé d'en avoir un bien plus grand nombre. Le principe de cet enroulement réside dans l'existence d'un polygone étoilé d'un nombre pair de côtés. De tous ces polygones, l'octogone est le plus simple. C'est aussi lui qui a fourni le premier appareil qu'il m'a été donné de réaliser

30. J'ai dit (n° 25) que, pour obtenir les meilleurs effets d'un train mobile, les courants positifs devaient tous se trouver d'un même côté du plan vertical de symétrie du champ. La position la plus favorable des secteurs mercuriels est par conséquent bien déterminée. La *fig.* 19 montre cette position dans le cas d'une rotation semblable à celle des aiguilles d'une montre et du sens du courant indiqué par les flèches. L'appareil est supposé avoir seize fils verticaux; les auges de mercure ne s'étendent alors que sur un angle de 45 degrés. Le sens de l'enroulement n'est pas indifférent. La *fig.* 19 le suppose effectué d'après la *fig.* 22. Autrement, la rotation se produirait en sens inverse.

Pour se rendre compte de cet effet, il suffit de se rappeler l'appareil décrit au n° 25. Si, pour un spectateur placé debout le long de l'axe de rotation (*fig.* 16) et regardant la branche L, l'arc qui prolonge cette branche s'étend à sa gauche, le système tournera de gauche à droite, dans les conditions de champ et de courant de la *fig.* 19. Si, au contraire, le même spectateur voit l'arc à sa droite, la rotation s'effectuera de droite à gauche, dans les mêmes conditions.

Au lieu de seize conducteurs efficaces, nous pouvons en supposer un nombre beaucoup plus considérable. Le mercure des auges n'occupera alors que des arcs de plus en plus petits. A la limite, ces auges se réduiront à des arcs infiniment courts, situés en c et en c'.

31. Il est possible d'accroître la vitesse de rotation de tous les systèmes que je viens d'exposer. Leur mouvement dépend, en effet, non seulement de l'intensité du courant ou du champ galvanique, mais encore de l'intensité du champ magnétique fixe. Or, il est possible d'augmenter cette dernière dans la région où se meuvent les conducteurs, par la seule introduction d'une armature de fer immobile entre leurs spires.

J'expliquerai plus loin le rôle de ces armatures; pour le moment, je me contenterai de dire que les meilleures conditions seront réalisées si le circuit mobile se meut entre les surfaces aussi rapprochées que possible de l'aimant et de l'armature.

Il existe encore d'autres modes d'enroulements qui permettent de produire les mêmes effets que ceux qui viennent d'être décrits pour le système de la *fig.* 22.

Je vais les passer rapidement en revue.

Solution Alteneck. — Le fil est enroulé longitudinalement sur un cylindre dont la *fig.* 23 représente une des bases. Toutes les spires traversent la base opposée suivant des diamètres. En partant de 1, le fil traverse la base supérieure suivant 1.2, puis revient en 3 par un diamètre de la base inférieure, retourne en 4 au-dessus du cylindre, puis en 5 par un nouveau diamètre sous la face opposée, et ainsi de suite jusqu'à son retour

Fig. 23.

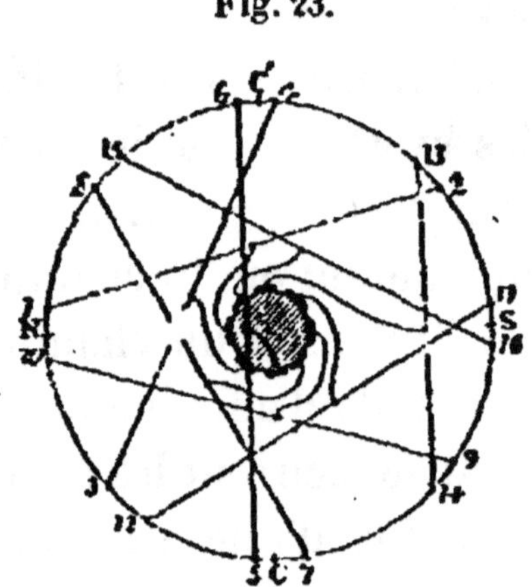

en 1, où le circuit se ferme. La figure montre aussi comment chaque branche transversale est reliée aux huit secteurs métalliques sur lesquels appuient les deux balais frotteurs qui servent à recueillir les courants.

Le diamètre perpendiculaire à CC′ est celui sur lequel se trouvent les points de contact des balais et des secteurs. Les pôles de l'aimant excitateur s'étendent de part et d'autre de ce diamètre.

Solution Frölich. — Les branches transversales inférieures, cachées dans la figure, sont encore, comme tout à l'heure, des diamètres du cylindre. Les branches supérieures sont des cordes représentées en traits pleins. La *fig.* 24 se comprend ainsi d'elle-même.

Troisième solution. — Le circuit que j'ai imaginé (*fig.* 25) a été décrit plus haut. Je me bornerai donc à faire remarquer ici que les branches transver-

Fig. 24.

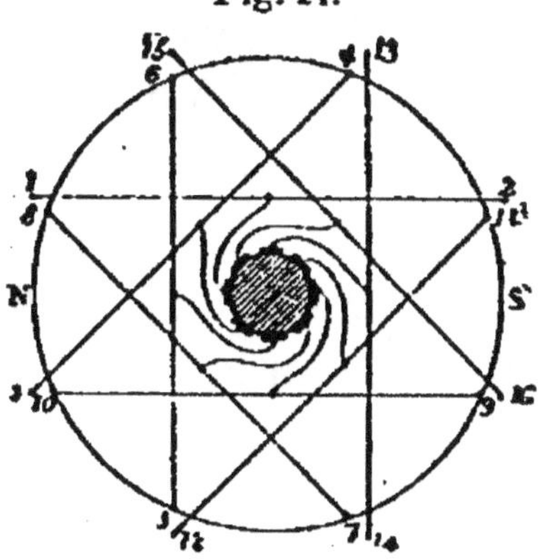

sales inférieures ne sont pas des diamètres, comme dans les systèmes d'Alteneck et de Frölich. Ces branches, représentées en traits ponctués, sont des

Fig. 25.

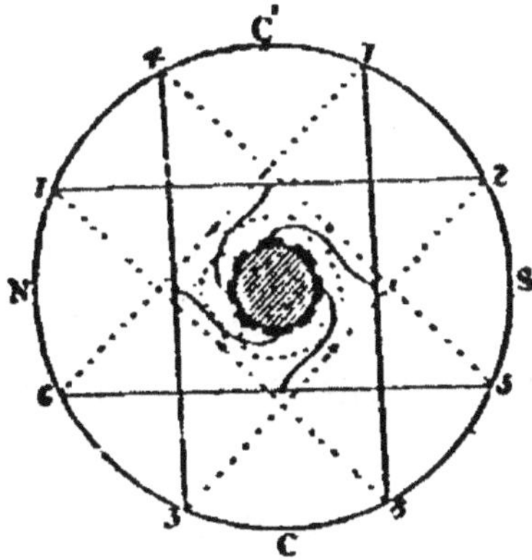

cordes égales aux branches supérieures. En les reliant aux huit secteurs, comme il est indiqué sur la figure, on voit qu'il est possible d'obtenir un système analogue aux précédents.

Il convient de remarquer que cette dernière solution comporte autant de secteurs que les autres, bien que la longueur totale du circuit y soit moitié moindre. C'est là un avantage. En effet, le *desideratum* des machines du genre de celles dont il est question est la production d'un courant continu; mais on ne peut que s'approcher de ce but : il est impossible de l'atteindre. Pour réaliser les conditions les plus favorables, il faut produire une succession très rapide de courants de même sens. Plus grand sera le nombre de ces courants pendant un temps donné, plus on se rapprochera de la continuité absolue du flux électrique. Il convient donc de chercher à obtenir avec une longueur de fil donnée autant de prises de contact, c'est-à-dire d'intermittences, qu'il est possible. C'est ce que j'ai indiqué dans la *fig.* 25, et c'est ce que MM. Alteneck et Frölich n'ont pas songé à faire, quoique cela n'offrît aucune difficulté. Leur longueur de circuit leur permettait en effet l'emploi de seize secteurs au lieu de huit, en reliant les nouveaux secteurs aux branches transversales inférieures. Dans ce cas, les nouvelles branches conjuguées (c'est-à-dire en communication avec des secteurs diamétralement opposés) seraient, dans la machine Alteneck, 6.7 et 14.15, 2.3 et 12.13, 8.9 et 1.16, 10.11 et 4.5, et, dans la machine Frölich, 2.3 et 10.11, 4.5 et 12.13, 6.7 et 14.15, 8.9 et 1.61. Si ces conditions étaient remplies, les différentes solutions que je viens d'exposer n'offriraient les unes sur les autres aucun avantage ou désavantage, au point de vue de la continuité du courant.

J'ai cherché s'il était possible de trouver encore d'autres circuits capables de remplacer les précédents. Si l'on s'astreint à la condition de n'avoir pas plus de huit fils ou faisceaux longitudinaux avec huit secteurs de contact, il est facile de voir que le problème ne comporte que deux solutions : l'une, indirecte, est celle de Gramme; l'autre, directe, est la mienne.

Mais, si l'on consent à doubler la longueur du circuit, comme l'ont fait MM. Alteneck et Frölich, il existe encore d'autres solutions que les leurs. J'ai pu en trouver huit nouvelles, et il est probable qu'on en pourrait aisément trouver un plus grand nombre.

Il serait sans intérêt de décrire ici toutes ces solutions; j'en présenterai seulement une qui me semble préférable à toutes les autres.

Quatrième solution. — La supériorité de cet enroulement (*fig.* 26) sur les précédents consiste dans l'emploi d'une moindre longueur de fil pour produire les mêmes effets. On réduit par là la chaleur développée dans la bobine par le passage des courants, c'est-à-dire que l'on augmente le coefficient économique de la machine.

Or, les fils que l'on doit chercher à raccourcir sont justement ceux qui se croisent sur les bases du cylindre noyau de la bobine : ce sont donc ceux qui sont visibles sur les *fig.* 23, 24, 25, 26. Les autres parties des conducteurs sont celles qui se projettent suivant les points numérotés; elles sont parallèles à l'axe de rotation, et ce sont elles qui

Fig. 26.

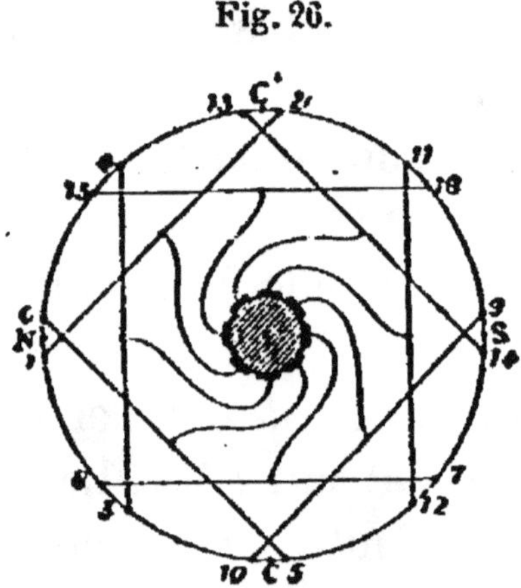

deviennent le siège d'une force électromotrice lorsque la bobine tourne dans un champ magnétique. On peut donc les appeler fils *efficaces*, et appeler fils *inactifs* ceux qui ne servent qu'à relier convenablement, les uns aux autres, tous les fils efficaces.

Dans la *fig.* 26, on voit que les fils inactifs ne traversent les bases supérieures et inférieures que suivant des longueurs respectivement égales au côté du carré et au côté de l'octogone étoilé, inscrits dans ces bases, tandis que, dans les *fig.* 23 et 24, ces mêmes fils sont des diamètres et des côtés d'octogone étoilé.

Le tableau qui suit présente les quatre enroulements décrits ci-dessus, dans leur ordre de mérite croissant. La seconde colonne indique en effet la longueur de leurs fils inactifs en fonction du rayon des bases. La longueur des fils efficaces est supposée la même dans tous les cas :

Solution Frölich (*fig.* 15)	30,8
Solution Alteneck (*fig.* 14)	30,5
3ᵉ solution (*fig.* 16)	28,4
4ᵉ solution (*fig.* 17)	26,0

La quatrième solution est donc la meilleure, et celle de M. Frölich la moins favorable.

ÉCRANS MAGNÉTIQUES.

32. Avant de décrire le quatrième système, je dois donner quelques indications sur ce que l'on nomme les *écrans magnétiques*.

Les deux propriétés fondamentales que Faraday a reconnues aux lignes de force ne permettent pas de se rendre, dans tous les cas possibles, un compte exact et rapide de la distribution de l'intensité d'un champ magnétique.

Il convient, pour cela, d'ajouter :

« Que deux lignes de force d'égale longueur, mais situées dans des milieux différents, ne doivent pas *magnétiquement* être regardées comme également longues. Celle qui se trouve comprise dans une substance magnétique est *magnétiquement* plus courte que celle qui se trouve comprise dans une substance diamagnétique, ou plus généralement dans une substance moins magnétique que la première ([1]). »

Cette sorte de scolie permet d'expliquer simplement l'orientation en long et en large d'aiguilles magnétiques ou diamagnétiques sous l'influence d'un aimant. Un corps magnétique est, à certains égards, assimilable en magnétisme à un corps conducteur en électricité. Dans un réseau de fils métalliques de conductibilités différentes, le courant électrique se partage de manière que la plus grande masse d'électricité passe dans les fils de plus grande conductibilité. Dans un champ magnétique, les lignes de force traverseront en abondance les substances les plus magnétiques et sembleront éviter les milieux diamagnétiques, pour être toujours, en fin de compte, les plus courtes possibles.

Si un corps magnétique est libre de se mouvoir autour d'un de ses points, on conçoit que les lignes de force tendent à l'orienter de manière à placer sa plus grande dimension dans leur direction générale. Elles traverseront ainsi ce corps suivant une plus grande longueur. Au contraire, une substance diamagnétique, c'est-à-dire moins magnétique que

([1]) Cette remarque repose sur l'hypothèse ingénieuse de M. Ed. Becquerel, à savoir qu'une substance n'est jamais magnétique ou diamagnétique d'une façon absolue, mais qu'elle peut être l'un ou l'autre, suivant le milieu qui l'environne.

le milieu ambiant, serait déplacée de façon à offrir sa plus petite épaisseur à la direction moyenne des lignes de force.

La substance magnétique peut être non seulement mobile autour d'un de ses points, mais encore être libre de prendre un mouvement quelconque. Alors elle sera sollicitée à se placer dans la région la plus intense du champ, afin que le plus grand nombre possible de lignes de force jouissent du privilège de la traverser. C'est pourquoi un morceau de fer viendra, en général, s'appliquer contre l'un des pôles d'un aimant. Au contraire, une substance suffisamment diamagnétique s'écarterait des parties intenses du champ.

En résumé, si l'on tient compte de la remarque ci-dessus, on peut dire que, dans tous les cas, la distribution stable de ces lignes sera établie lorsque leur tendance au raccourcissement fera équilibre à leurs répulsions réciproques.

33. Ces considérations vont me permettre de constater qu'il est possible de modifier un champ magnétique de manière à rendre son intensité aussi faible qu'on le veut dans une région désignée d'avance. Il suffira, pour atteindre ce but, de rendre très rares les lignes qui traversent cette région.

Si les deux extrémités d'un aimant sont situées de part et d'autre d'un cylindre creux de fer entr'ouvert, il sera facile de constater, en prenant un fantôme magnétique du phénomène, qu'il n'existe que fort peu de lignes de force dans son intérieur.

Le fer est à peu près un million de fois plus magnétique que l'air. Les lignes de force auront donc une tendance considérable à effectuer une partie de leur parcours dans la masse du fer, sous la plus grande longueur possible, et cette tendance réduira notablement l'influence des répulsions parallèles de ces lignes. Le fantôme s'explique ainsi de lui-même.

Si le cylindre est complètement fermé comme dans la *fig.* 27, ces lignes sont encore en plus petit

Fig. 27.

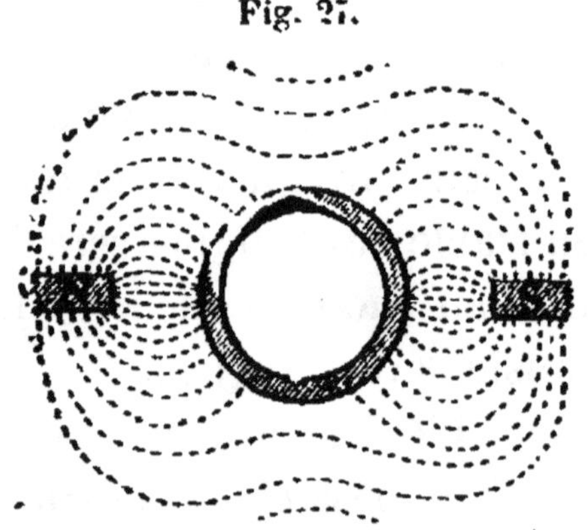

nombre dans son intérieur. Et si l'épaisseur du fer est assez grande, en raison de son immense pouvoir magnétique, on peut même dire qu'elles n'y existent physiquement pas, surtout lorsque la longueur du cylindre est considérable.

Mais si, au contraire, le cylindre est court et affecte la forme d'un anneau, un certain nombre de lignes de force viendront pénétrer dans son intérieur en contournant ses bords. La *fig.* 28 montre la coupe d'un anneau entre les pôles N et S d'un aimant. L'examen de cette figure me dispense de tout commentaire.

Les *fig.* 27 et 28 font comprendre que l'intérieur d'une sphère de fer suffisamment épaisse ne doit

Fig. 28.

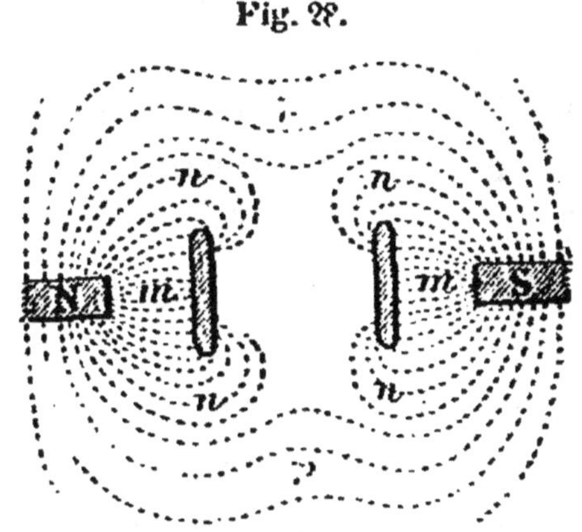

contenir qu'un nombre excessivement petit de lignes de force.

Cette propriété a été mise à profit par sir W. Thomson. Un galvanomètre ne fournit de mesures comparables, qu'autant que la force directrice qui agit sur son aiguille est constante. Les galvanomètres employés à bord des navires porteurs de câbles transatlantiques ne pouvaient donner d'indications utiles, puisqu'ils changeaient sans cesse de méridien magnétique. Sir W. Thomson surmonta cet obstacle. Il enferma l'appareil dans une enveloppe de fer forgé, qui présentait seulement quelques ouvertures pour permettre d'observer les déviations de l'aiguille. La force directrice était fournie par un aimant spécial, situé à l'intérieur de l'enveloppe et solidaire de celle-ci.

34. Si, au lieu d'être en fer, le cylindre des *fig.* 27 et 28 était constitué par une substance diamagnétique, le champ offrirait une image toute différente; mais on n'a encore trouvé à aucun corps un pouvoir diamagnétique comparable à celui du fer. L'effet perturbateur de la substance la plus diamagnétique que l'on connaisse, le bismuth, est pour ainsi dire inappréciable dans un fantôme produit avec de la limaille de fer.

35. On possède ainsi le moyen de réaliser de véritables écrans magnétiques. Par contre, ainsi que nous allons le constater, il est également facile d'augmenter l'intensité du champ dans une région donnée. Lorsque l'anneau de fer est retiré du champ magnétique des *fig.* 27 et 28, les lignes de force ne subissent plus leur tendance à traverser l'armature et cèdent à l'influence de leurs répulsions mutuelles. Elles s'écartent l'une de l'autre et prennent une distribution d'équilibre différente de la première. La présence de l'armature en fer doux avait donc accru l'intensité du champ entre sa propre surface et celle des aimants, et plus ces surfaces seront rapprochées, plus sera grand le nombre de lignes de force dont elles modifient la courbure pour les concentrer dans l'espace qui les sépare.

La forme annulaire de l'armature n'a ici aucune importance. C'est sa surface extérieure seule qui se trouve en jeu. Ainsi, pour exalter l'intensité du champ magnétique d'une manière avantageuse dans les appareils de rotation décrits précédemment, il faudra placer leurs conducteurs entre les pôles excitateurs et une masse de fer doux. Le meilleur effet sera obtenu lorsque l'espace qui sépare l'armature et les aimants sera réduit à son minimum. On devra donc ne laisser que juste l'intervalle nécessaire au passage du circuit mobile. Le nombre des lignes de force qui influencent le circuit sera ainsi beaucoup plus considérable que si l'armature était absente. Comme je l'ai dit au n° 31, ce procédé de multiplication des actions électro-magnétiques est applicable à tous les systèmes que j'ai passés en revue.

36. *Écrans magnétiques en mouvement.* — J'avais éte amené, par diverses considérations, à penser qu'une masse de fer qui se meut uniformément dans un champ magnétique constant n'entraîne pas les lignes de force de ce dernier. Elle leur fait seulement subir une déformation permanente, dont la valeur dépend de la vitesse du mouvement, d'une part, et, d'autre part, de la raideur de ces lignes, c'est-à-dire de l'intensité du champ.

Une expérience élégante de M. G. Lippmann (¹)

(¹) Société de Physique, 3 janvier 1879.

est venue confirmer cette manière de voir, de la façon la plus nette, en permettant d'établir qu'une armature de fer cesse de remplir ses fonctions d'écran dès qu'elle est animée d'un mouvement de translation. Ce fait intéressant peut d'ailleurs se concevoir aisément.

Soit un anneau de fer situé dans un champ magnétique que, pour plus de simplicité, je supposerai d'abord constant dans toute son étendue. On a vu plus haut qu'un certain nombre de lignes de force, suffisamment voisines de l'anneau, seront infléchies et le contourneront suivant un arc de sa circonférence. La constance du champ entraîne une symétrie complète par rapport au plan méridien de l'anneau, parallèle aux lignes de force, et cela dans toute position de l'anneau. Or, déplaçons celui-ci de façon que son arc supérieur contienne N nouvelles lignes, il est évident que son arc inférieur en abandonnera une égale quantité. Mais chacun de ces arcs doit toujours, à l'état statique, recéler le même nombre de lignes de force. Il a donc fallu que, au moment où une nouvelle ligne s'introduisait dans l'arc supérieur, une ligne abandonnât ce même arc pour aller remplacer dans l'arc inférieur celle que ce dernier venait de perdre. Alors seulement la symétrie existe, et l'on doit en conclure qu'une ligne de force a dû traverser la région interne de l'anneau.

Ainsi, lorsque le champ se déplace par rapport

à la bague de fer, toutes les parties de ce champ qui sont comprises dans l'intérieur de cette bague sont traversées par autant de lignes de force que si l'anneau était supprimé ; mais, si la quantité des lignes est la même dans les deux cas, la qualité de leur passage est différente. A l'intérieur de la bague, ces lignes sont animées d'une grande vitesse et elles n'apparaissent qu'à des intervalles de temps relativement longs.

C'est ainsi qu'une masse liquide qui s'écoule dans des conduites prend aux sections étroites une vitesse plus considérable que dans les larges sections, de manière que, en définitive, le débit soit le même en chaque point.

Si le champ magnétique n'était pas constant, les vitesses de passage des lignes de force seraient inégales pendant un déplacement uniforme de l'anneau. C'est la seule modification qu'il y aurait à introduire dans les précédentes explications.

37. Il nous est possible maintenant de déterminer dans quel cas une masse de fer mobile ou fixe remplira ou non l'office d'écran. Si l'anneau de fer considéré ci-dessus tourne autour de son axe de symétrie, il continuera, malgré son mouvement de rotation, à abriter sa région interne de toute influence magnétique, puisqu'il occupera constamment les mêmes points de l'espace.

Mais, si le déplacement dont il est animé est une translation ou, plus généralement, une rotation autour d'un axe différent de son axe de symétrie, les conditions ne sont plus les mêmes : aucune partie du champ n'échappera à l'action des lignes de force.

QUATRIÈME APPAREIL (CIRCUIT GRAMME).

38. Cherchons à répéter les expériences de rotation électromagnétique à l'aide du conducteur représenté dans la *fig*. 29, en élévation et en plan.

Fig. 29.

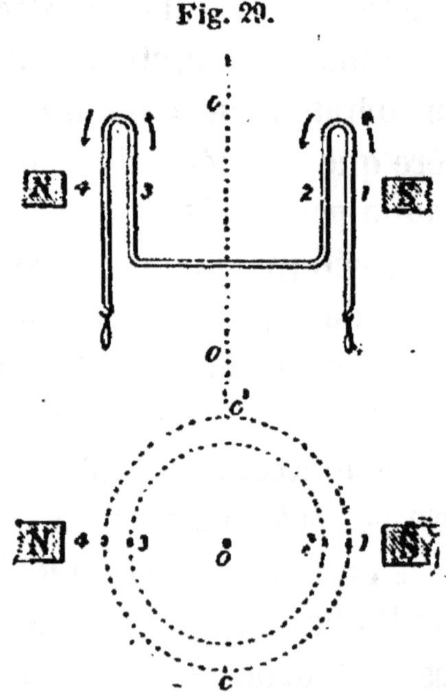

Si un courant de pile parcourt ce conducteur en passant successivement par les fils 1, 2, 3 et 4, les fils 1 et 2 seront le siége de courants contraires ; par conséquent, leurs réactions sur le champ magnétique fixe seront également de signe contraire. Si le fil 1 est sollicité à se déplacer de gauche à droite, le fil 2 tendra à se mouvoir de droite à gauche.

Comme les conducteurs 3 et 4 jouent dans la seconde moitié du champ le même rôle que les premiers, il s'ensuit que deux couples de sens contraire agissent sur le système mobile. En appelant D la distance qui sépare les fils extérieurs 1 et 4, et D′ celle qui sépare les fils 2 et 3, le premier couple a pour moment + FD, et le second — F′D′. La force F dépend de l'intensité du courant et de celle du champ magnétique. La première est la même pour tout le circuit, et je supposerai la seconde constante dans toute l'étendue occupée par l'appareil pendant sa rotation. Il s'ensuit que $F = F'$. On voit ainsi immédiatement que, si $D = D'$, le système restera immobile, quelles que soient les intensités des champs magnétique et galvanique. Si $D > D'$ (c'est le cas de la figure), la rotation s'effectuera dans le sens de la force F, et sous une influence d'autant plus grande que la différence entre D et D′ sera plus accusée. Si enfin $D' = 0$, le couple FD agira intégralement, et nous sommes ramenés au cas du premier train mobile de la *fig.* 13.

Ce qui empêche le système actuel de subir toute l'action du couple + FD lorsque D′ n'est pas nul, c'est l'influence du champ magnétique sur les fils internes 2 et 3. S'il était possible de soustraire ces derniers conducteurs à cette influence, le couple $-F'D'$ serait annulé, puisque F' serait nul. Or, une bague de fer occupant l'espace annulaire compris entre les deux circonférences de rayon 01 et 02 permet d'atteindre ce but. Cette armature réalise, en effet, un écran magnétique à l'égard des fils 2 et 3.

39. Bien que nous ayons défini ces écrans, analysons en détail le cas qui se présente ici.

La *fig.* 28 nous montre le fantôme magnétique pris suivant une coupe diamétrale de l'anneau. On y reconnaît trois groupes de lignes de force dont les formes sont notablement différentes.

1° *Le groupe m.* — Ces lignes, qui sont de beaucoup les plus nombreuses, partent des pôles pour aboutir directement, presque en ligne droite, dans les parties de l'anneau situées en regard de ces pôles.

2° *Le groupe n.* — Celles-ci, en bien moins grand nombre que les précédentes, semblent d'abord éviter l'anneau; elles en contournent la tranche et reviennent, en se recourbant sur elles-mêmes, pénétrer dans sa surface interne.

3° *Le groupe p.* — Ces lignes ne rencontrent l'anneau en aucun point de leur parcours et sont toutes situées au-dessus ou au-dessous de lui.

Il est à remarquer qu'aucune ligne ne traverse l'anneau de part en part pour passer directement d'un pôle à l'autre.

Si la longueur de l'anneau est très grande, le groupe *m* seul représente un champ magnétique de quelque importance. Les groupes *n* et *p* deviennent alors tout à fait négligeables. Mais, dans l'espèce, nous considérons une bague d'une hauteur inférieure à son diamètre. Nous devons donc tenir compte des deux derniers groupes. Nous allons voir que le second *n* conspire à produire les mêmes effets que le premier *m*, quoique avec moins d'intensité. Quant au troisième *p*, il n'intervient en rien dans les phénomènes de rotation, puisque ces lignes ne sont coupées en aucun point par les conducteurs mobiles.

40. Disposons le circuit de la *fig.* 29 de telle sorte que les fils 1 et 4 soient extérieurs à l'anneau et que les fils 2 et 3 lui soient intérieurs (*fig.* 30),

Fig. 30.

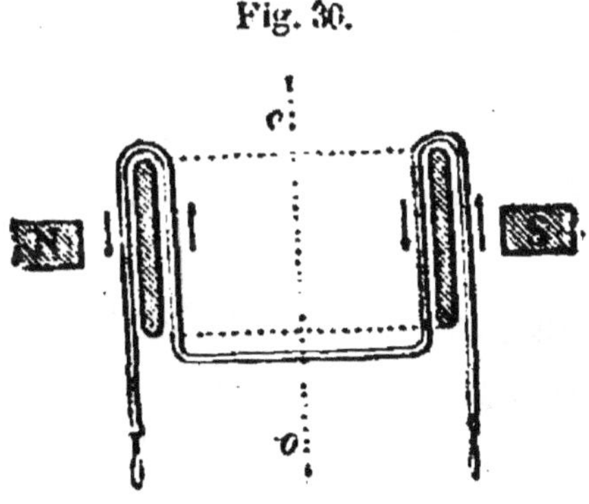

et recherchons, dans ces conditions nouvelles, quels seront l'action et le sens des couples qui s'exercent séparément sur les systèmes 1.4 et 2.3. Le rôle de la bague de fer, à l'égard du système 1.4, n'est autre que celui d'une armature ordinaire qui augmente l'intensité du champ, ainsi qu'il est dit au n° 31.

Le moment du couple + FD est donc devenu + F_1 D, F_1 étant plus grand que F.

Quant au couple — F'D', il est complètement modifié. Ce sont les lignes du groupe *n* qui sont coupées par le fil 2. Or, ces lignes semblent, pour ce conducteur, provenir d'un pôle boréal B' situé à sa gauche; et, si l'on tient compte de ce que, ici, le courant est descendant, on verra sans peine que le fil 2 tend à se déplacer d'arrière en avant de la figure. On trouverait que le fil 1 est sollicité à se mouvoir de la même manière, car le courant qui le parcourt est ascendant et le pôle austral est à sa gauche.

Ainsi, la présence de l'anneau de fer a changé le signe du couple interne et en a diminué la valeur absolue; d'autre part, elle a augmenté la valeur du couple externe en lui conservant son signe; et cela, quelque petite que soit la distance radiale des fils 1 et 2.

Le système sera soumis à l'action des deux couples du même signe + F_1 D et + *f* D'. Il se mettra donc à tourner de gauche à droite. C'est ce que l'expérience confirme avec la plus grande netteté.

24. On a vu (n° 37) que, si l'anneau de fer est entraîné dans une rotation autour de son axe de figure, il remplit exactement les mêmes fonctions

magnétiques que s'il est immobile. Nous pouvons donc supposer, dans l'appareil qui précède, la bague de fer doux solidaire du circuit, et rien ne sera changé dans les effets que nous venons d'analyser.

Sous cette dernière forme, il est possible de réaliser une multiplication de l'appareil de la *fig.* 30, qui présente les mêmes avantages que les enroulements des *fig.* 22, 23, 24, 25 et 26. Nous arrivons ainsi à une sorte de schéma de la machine de Gramme.

La *fig.* 31 montre un anneau de fer doux sur lequel a été enroulé, en quatre spires équidistantes,

Fig. 31.

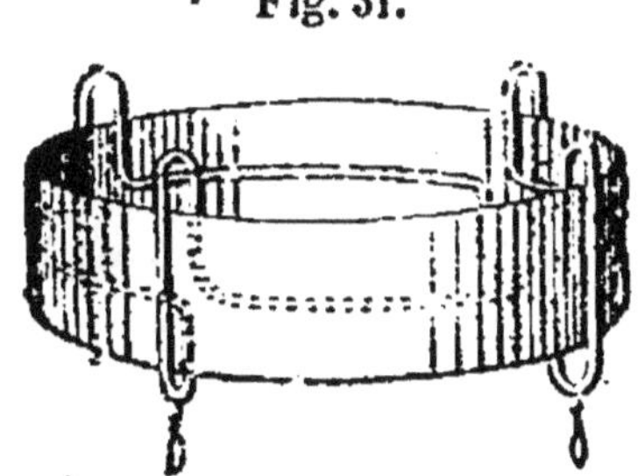

un fil métallique isolé dont les extrémités sont réunies l'une à l'autre de manière à constituer un circuit sans fin. Les parties inférieures de chacune des spires sont munies d'appendices articulés destinés à plonger, comme plus haut, dans des rhéophores de mercure. Tout le système est libre de tourner autour de son axe de symétrie.

Les fils verticaux extérieurs et intérieurs à l'anneau exercent des actions identiques quant à leur signe; la rotation s'expliquera absolument comme au n° 30.

Au lieu de quatre spires, on pourrait en supposer six, huit, etc.; l'étendue des secteurs mercuriels devrait seulement être réduite en proportion de leur nombre.

Machines magnéto-électriques qui se déduisent des appareils précédents.

Roue de Barlow.

42. J'ai rappelé (n° 20) que l'expérience de la *fig*. 10 donne le principe de la roue de Barlow.

Disque tournant de Faraday, Disque de Foucault, Machine de M. Le Roux.

Toutes ces applications ne sont que des formes très peu différentes de la roue de Barlow, en tenant compte de la réversibilité à laquelle cette dernière donne lieu.

Machine à double T de Siemens, Machine de Wilde.

L'appareil décrit au n° 27 (*fig*. 20) représente cette machine avec la plus grande exactitude, quoique considérée dans sa fonction inverse, celle d'électromoteur. Pour en faire une véritable machine de Siemens ou de Wilde, il suffit de donner au circuit une hauteur très grande par rapport à son diamètre et d'introduire une armature de fer doux dans le cadre de la bobine. Cette armature est solidaire du circuit. Cette solidarité est d'ailleurs commandée, non par la théorie, mais par la pratique.

Machine de Gramme, Machine d'Alteneck.

J'ai indiqué, dans le cours de cette étude, quels sont les appareils qui, parachevés, donnent naissance à ces deux dernières machines. Chacun des fils des *fig.* 22 et 31 est remplacé par un véritable écheveau semblable à celui du n° 27 (*fig.* 20). Les contacts fixes, au lieu d'être des auges de mercure, sont des frotteurs métalliques pressés sans cesse sur la jante d'une sorte de rhéotome. Les parties métalliques de ce rhéotome correspondent respectivement aux écheveaux dont il vient d'être question, de la même manière que les appendices articulés des appareils de rotation communiquent avec les spires de leur circuit.

43. On peut admettre que les fils extérieurs à l'anneau de fer, dans la bobine Gramme, et les fils parallèles à l'axe de rotation, dans les autres bobines, soient seuls à considérer pour la production du courant. En effet, les fils internes dans la première et les fils radiaux dans la seconde ne sont coupés que par un nombre relativement peu con-

sidérable de lignes de force. Or, dans ces conditions, si les dimensions de la bobine, le nombre et le diamètre des fils, leur nature, le champ magnétique et la vitesse de rotation sont les mêmes, la même force électromotrice sera développée dans les deux circuits. Celui d'entre eux qui sera le moins long sera donc le siège du courant le plus intense d'après la formule connue d'Ohm :

$$I = \frac{E}{R}.$$

En appelant *d* le diamètre et *e* l'épaisseur d'une bobine Gramme ou Alteneck, la longueur du fil nécessaire à la confection d'une spire complète est, dans la bobine Gramme

$$4e \text{ (}^1\text{)},$$

et, dans la bobine Alteneck,

$$2(e+d),$$

si l'on ne tient pas compte de la longueur additionnelle des fils qui résulte de leur superposition sur les deux bases circulaires de l'anneau.

En conséquence de ce qui précède, si

$$4e < 2(e+d),$$

la machine de Gramme sera la plus avantageuse, et si

$$4e > 2(e+d),$$

(1) La spire complète, dans l'anneau Gramme, doit se composer de deux spires diamétralement opposées pour se comparer à une spire de l'anneau Alteneck.

elle sera inférieure à celle d'Alteneck; si enfin

$$4e = 2(c + d),$$

les deux machines fourniront des courants identiques.

Cette dernière équation étant équivalente à

$$e = d,$$

on voit que, suivant que l'épaisseur de la bobine sera plus petite ou plus grande que son diamètre, la machine de Gramme sera supérieure ou inférieure à celle d'Alteneck.

Dans la pratique, à cause de la grande vitesse de rotation que l'on donne aux bobines (800 à 900 tours par minute), les bobines les plus aplaties présentent le plus de garanties de durée. Pour obtenir le maximum d'effet d'une machine donnée, il faut que la surface extérieure du circuit se meuve aussi près que possible des surfaces polaires fixes, et l'on peut arriver à réduire cet intervalle à 1 ou 2 millimètres à peine. Pour peu que la force centrifuge écarte les fils de la bobine, ceux-ci viennent frôler le fer des électro-aimants, et sont aussitôt dénudés et souvent coupés, ce qui nécessite une réparation de la machine. Il est clair que plus la longueur de ces fils sera grande, plus grands aussi seront les risques d'avarie. Aussi doit-on envelopper de place en place les bobines longues, à l'aide de bandes de toile fortement serrées, qui soient capables de s'opposer à la force qui tend à soulever les fils. Mais ces bandes ont une certaine épaisseur propre qui oblige à reculer d'autant les surfaces polaires : ce qui diminue considérablement l'intensité du champ magnétique. Les bobines les plus plates doivent donc être préférées aux bobines larges; l'axe de rotation se trouve pour les premières être leur axe principal d'inertie, ce qui ajoute encore à l'avantage qu'elles présentent. Ces considérations portent à regarder la machine Gramme comme supérieure à la machine Alteneck.

Néanmoins, cette dernière, sous sa forme la plus perfectionnée, a pu lutter avec une machine Gramme, du type le plus primitif il est vrai, comme l'a fait connaître un Rapport de M. Tyndall.

Dans des expériences comparatives, entreprises en mai 1878, par le Comité de l'Institut Franklin, à Philadelphie, sur une machine de Gramme et sur diverses machines magnéto-électriques (*Brush machine* et *Wallace-Farmer machine*) [1], il a été d'ailleurs établi que la machine de Gramme était la source de courant la plus économique. Il est regrettable que M. Alteneck n'ait pu soumettre une de ses machines à ces épreuves.

[1] La machine *Wallace-Farmer* ne diffère en rien de celle de M. Niaudet. La *Brush machine* est une sorte de machine de Wilde multiple.

III

DESCRIPTION

DE LA MACHINE DE GRAMME

Nous allons maintenant nous occuper plus particulièrement de la machine de Gramme, dont le jeu sera des plus aisés à comprendre grâce à celui des appareils précédents.

Machine de laboratoire. — La machine de Gramme représentée *fig.* 32 se compose d'un circuit circulaire spécial capable de tourner autour de son axe entre les pôles d'un aimant fixe.

Bien que la *fig.* 31 ait déjà montré une sorte de squelette du circuit mobile, nous croyons utile de le décrire avec plus de détails en le présentant sous la forme que lui donnent généralement les constructeurs.

Un certain nombre de bobines (*fig.* 33) sont embrochées sur un même anneau circulaire en fer. Chaque bobine est reliée à la suivante de manière à prolonger son mode d'enroulement, mais cela par l'intermédiaire d'une pièce métallique *c*; il existera donc autant de pièces *c* qu'il y a de bo-

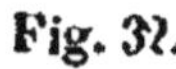

Fig. 32.

bines. Ces pièces *c*, appelées collecteurs, sont isolées les unes des autres et disposées autour d'un axe qui tourne en même temps que le système des bobines et de l'anneau de fer. Deux frotteurs diamétralement opposés s'appuient sur elles, le diamètre de leur point de contact étant perpendiculaire à celui des pôles A et B de l'aimant fixe. Dans les conditions de la figure, si le mouvement de rotation s'effectue dans le sens de celui des aiguilles d'une montre, la bobine de gauche sera parcourue par des courants extérieurs ascen-

Fig. 33.

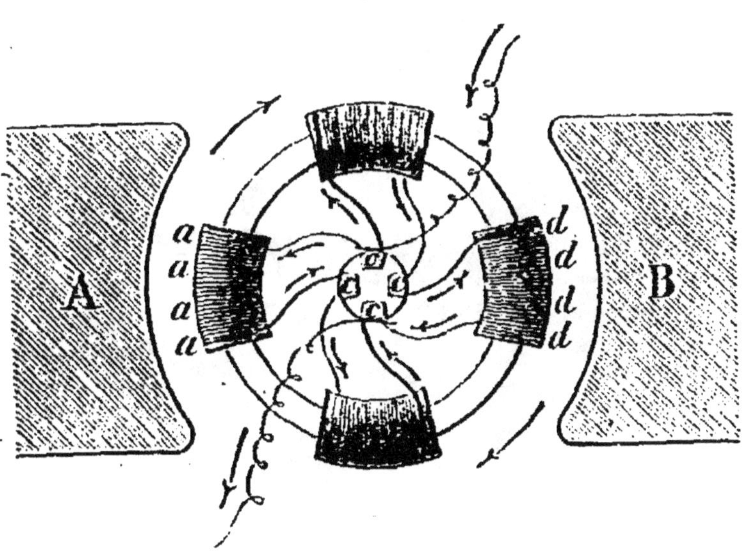

dants a, a, a, a, et celle de droite par des courants descendants d, d, d, d, par rapport au plan de la figure. Les flèches indiquent le sens de ces courants et montrent que les deux moitiés de l'anneau fournissent des courants qui s'ajoutent dans le circuit extérieur qui réunit entre eux les deux frotteurs.

Entre ces quatre bobines, on en pourrait intercaler quatre nouvelles de manière à couvrir complètement l'anneau de fer; chaque bobine donnera lieu à une pièce de contact *c* et chaque pièce de contact à un courant. Il y aura donc autant de courants successifs qu'il y a de bobines ou de collecteurs. La *fig.* 34 montre une bobine avec ses collecteurs en partie confectionnée.

On pourrait encore augmenter le nombre des

Fig. 34.

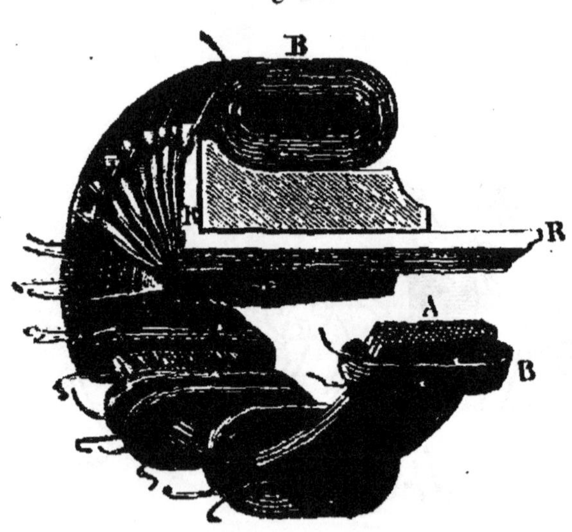

bobines dans une proportion quelconque, pourvu que ce nombre fût pair. Les machines employées le plus souvent dans les laboratoires de physique (*fig.* 32) contiennent en général 30 collecteurs, c'est-à-dire trente bobines. On produit donc 30 courants par tour, et comme on peut obtenir plus de 1000 tours par minute, on donne ainsi naissance à 30000 courants par minute, soit 500 par seconde.

Machine à lumière. — Dans les machines de plus grandes dimensions qui servent à l'éclairage électrique, le nombre des collecteurs s'élève à 60, et, la vitesse normale de l'anneau étant de 900 tours à la minute, c'est 54 000 courants que l'on produit pendant le même temps.

Fig. 35.

La *fig.* 35 montre une de ces machines. L'aimant permanent s'y trouve remplacé par un électro-aimant excité par le courant même de l'anneau, ce qui permet d'obtenir des effets d'une puissance considérable, moyennant une force motrice suffisante.

Les deux modèles les plus couramment en usage pour actionner des régulateurs ou lampes électriques nécessitent, le premier un cheval-vapeur, le second 2,5 chevaux-vapeur.

FIN

TABLE DES MATIÈRES

Paris. — Imp. Gauthier-Villars, 55, quai des Grands-Augustins.

LIBRAIRIE DE GAUTHIER-VILLARS

Quai des Augustins, 55, — Paris.

(Envoi franco contre mandat de poste ou valeur sur Paris.)

EXTRAIT DU CATALOGUE DE PHOTOGRAPHIE

Abney (le capitaine), Professeur de Chimie et de Photographie à l'École militaire de Chatham. — *Cours de Photographie.* Traduit de l'anglais par Léonce Rommelaer. 3e édition. Grand in-8, avec une planche photoglyptique; 1877. 5 fr.

Aide-Mémoire de Photographie pour 1880, publié, sous les auspices de la Société photographique de Toulouse, par M. C. Fabre. Quatrième année, contenant de nombreux renseignements sur les procédés rapides à employer pour portraits dans l'atelier, les émulsions au coton-poudre, à la gélatine, etc. In-18, avec nombreuses figures dans le texte.

Prix : Broché. . . . . 1 fr. 75 c.
Cartonné. . . . . 2 fr. 25 c.

Les volumes des années 1876, 1877, 1878 *et* 1879 *se vendent aux mêmes prix.*

Annuaire Photographique, par *A. Davanne.* 3 vol. in-18, années 1865 à 1867.

On vend séparément chaque volume :

Broché. . . . . 1 fr. 75 c.
Cartonné. . . . . 2 fr. 25 c.

Aubert. — *Traité élémentaire et pratique de Photographie au charbon.* In-18 jésus; 1878. 1 fr. 50 c.

Barreswil et Davanne. — *Chimie photographique.* 4e édition, revue et augmentée. In-8, avec fig. 8 fr. 50 c.

Belloc (A.). — *Photographie rationnelle, Traité complet, théorique et pratique.* In-8. 5 fr.

Blanquart-Evrard. — *Intervention de l'art dans la Photographie.* In-12, avec une photographie. 1 fr. 50 c.

Boivin (F.). — *Procédé au collodion sec.* 2e édition, augmentée du formulaire de Th. Sutton, des tirages aux poudres inertes (procédé au charbon), ainsi que de notions pratiques sur la Photographie, l'Electrogravure et l'Impression à l'encre grasse. In-18 jésus; 1876. 1 fr. 50 c.

Bulletin de la Société française de Photographie. Grand in-8, mensuel. 26e année; 1880.

Prix pour un an : Paris et les départements. . . . 12 fr.
Etranger. . . . . 15 fr.

Chardon (Alfred). — *Photographie par émulsion sèche au bromure d'argent pur* (Ouvrage couronné par le Ministre de l'Instruction publique et par la Société française de Photographie). Grand in-8, avec fig.; 1877. 4 fr. 50 c.

Chardon (Alfred). — *Photographie par émulsion sensible au bromure d'argent et à la gélatine.* Grand in-8, avec figures; 1880. 3 fr. 50 c.

Clément (R.). — *Méthode pratique pour déterminer exactement le temps de pose en Photographie*, applicable à tous les procédés et à tous les objectifs, indispensable pour l'usage des nouveaux procédés rapides. In-18; 1880. 1 fr. 50 c.

Cordier (V.). — *Les insuccès en Photographie; causes et remèdes.* 3ᵉ édit. avec fig., nouveau tirage. In-18 jésus. 1 fr. 75 c.

Davanne. — *Les Progrès de la Photographie.* Résumé comprenant les perfectionnements apportés aux divers procédés photographiques pour les épreuves négatives et les épreuves positives, les nouveaux modes de tirage des épreuves positives par les impressions aux poudres colorées et par les impressions aux encres grasses. In-8; 1877. 6 fr. 50 c.

Davanne. — *La Photographie, ses origines et ses applications.* Conférence de l'Association scientifique de France, faite à la Sorbonne le 20 mars 1879. Grand in-8, avec figures; 1879. 1 fr. 25 c.

Despaquis. — *Photographie au charbon* (Gélatine et Bichromates alcalins). In-18 jésus. 1 fr. 50 c.

Ducos du Hauron (H. et L.). — *Traité pratique de la Photographie des couleurs* (Héliochromie). Description des moyens d'exécution récemment découverts. In-8; 1878. 3 fr.

Dumoulin. — *Manuel élémentaire de Photographie au collodion humide.* In-18 jésus, avec figures. 1 fr. 50 c.

Dumoulin. — *Les Couleurs reproduites en Photographie;* historique, théorie et pratique. In-18 jésus. 1 fr. 50 c.

Fortier (G.). — *La Photolithographie, son origine, ses procédés, ses applications.* Petit in-8, orné de planches, fleurons, culs-de-lampe, etc., obtenus au moyen de la Photolithographie; 1876. 3 fr. 50 c.

Godard (E.). — *Encyclopédie des virages.* 2ᵉ édition, revue et augmentée, contenant la préparation des sels d'or et d'argent. In-8. 2 fr.

Hannot (le capitaine), Chef du service de la Photographie à l'Institut cartographique militaire de Belgique. — *Exposé complet du procédé photographique à l'émulsion* de M. Warnecke, lauréat du Concours international pour le meilleur procédé au collodion sec rapide, institué par l'Association belge de Photographie en 1876. In-18 jésus; 1879. 1 fr. 50 c.

Hannot (le capitaine). — *Les Éléments de la Photographie.* I. Aperçu historique et exposition des opérations de la Photographie. — II. Propriété des sels d'argent. — III. Optique photographique. In-8. 1 fr. 50 c.

Huberson. — *Formulaire de la Photographie aux sels d'argent.* In-18 jésus; 1878. 1 fr. 50 c.

Huberson. — *Précis de Microphotographie.* In-18 jésus, avec figures dans le texte et une planche en photogravure; 1879. 2 fr.

Journal de l'Industrie photographique, *Organe de la Chambre syndicale de la Photographie.* Grand in-8, mensuel. 1ʳᵉ année; 1880.

Prix pour un an : Paris, France et Étranger. . . . . 7 fr.

La première partie de ce Journal est consacrée à l'insertion des procès-verbaux des séances et des documents qui émanent de la Chambre syndicale.

La seconde partie, composée d'articles divers, fournis par les collaborateurs du journal, traite de questions de législation, de jurisprudence, de règlements administratifs, se rapportant à la Photographie; elle reproduit les programmes et les récompenses des expositions photographiques; — elle donne, au fur et à mesure de leur publication, les listes des brevets français et étrangers; en un mot, elle centralise tous les faits, documents et annonces dont la connaissance peut être utile à l'industrie photographique.

La Blanchère (H. de). — *Monographie du Stéréoscope et des épreuves stéréoscopiques.* In-8, avec figures. 5 fr.

Lallemand. — *Nouveaux procédés d'Impression autographique et de Photolithographie.* In-12. 1 fr.

Liesegang. — *Notes photographiques.* Collodion humide; émulsion au collodion, à la gélatine, papier albuminé; procédé au charbon, agrandissements, photomicrographie, ferrotypie, construction des galeries vitrées. Petit in-8, avec gravures dans le texte et une vue obtenue sans bain d'argent; 1878. 5 fr.

Monckhoven (Dr van). — *Nouveau Procédé de Photographie sur plaques de fer,* et Notice sur les vernis photographiques et le collodion sec. In-8. 3 fr.

Monckhoven (Dr van). — *Traité général de Photographie,* suivi d'un chapitre spécial sur le *Gélatino-bromure d'argent.* 7e édition. Grand in-8, avec planches et figures intercalées dans le texte; 1880. 16 fr.

Moock. — *Traité pratique complet d'Impressions photographiques aux encres grasses et de Phototypographie et Photogravure.* 2e édition, beaucoup augmentée. In-18 jésus; 1877. 3 fr.

Odagir (H.). — *Le Procédé au gélatino-bromure,* suivi d'une Note de M. Milsom sur les clichés portatifs et de la traduction des Notices de M. Kennett et Rév. G. Palmer. In-18 jésus, avec figures dans le texte; 1877. 1 fr. 50 c.

Pélegry, Peintre amateur, Membre de la Société photographique de Toulouse. — *La Photographie des peintres, des voyageurs et des touristes. Nouveau procédé sur papier huilé,* simplifiant le bagage et facilitant toutes les opérations, avec indications de la manière de construire soi-même la plupart des instruments nécessaires. In-18 jésus, avec deux spécimens; 1879. 1 fr. 75 c.

Perrot de Chaumeux (L.). — *Premières Leçons de Photographie.* 2e édition. In-18, avec figures; 1878. 1 fr. 50 c.

Phipson (le Dr). — *Le Préparateur Photographe,* ou Traité de Chimie à l'usage des photographes et des fabricants de produits photographiques. In-12, avec figures. 3 fr.

Radau (R.). — *La Lumière et les climats.* In-18 jésus; 1877. 1 fr. 75 c.

Radau (R.). — *Les Radiations chimiques du Soleil.* In-18 jésus; 1877. 1 fr. 50 c.

Radau (R.). — *Actinométrie.* In-18 jésus; 1877. 2 fr.

Radau (R.). — *La Photographie et ses applications scientifiques.* In-18 jésus; 1878. 1 fr. 75 c.

Rodrigues (J.-J.), Chef de la Section photographique et artistique (Direct. générale des travaux géographiques du Portugal). — *Procédés photographiques et méthodes diverses d'impressions aux encres grasses,* employés à la Section photographique et artistique. Grand in-8; 1879. 2 fr. 50 c.

Russel (C.). — *Le Procédé au Tannin*, traduit de l'anglais par M. Aimé Girard. 2e édit. In-18 jésus, avec figures. 2 fr. 50 c.

Trutat (E.). — *La Photographie appliquée à l'Archéologie; Reproduction des Monuments, Œuvres d'art, Mobilier, Inscriptions, Manuscrits*. In-18 jésus, avec cinq photolithogr.; 1879. 3 fr.

Vidal (Léon). — *Traité pratique de Photographie au charbon*, complété par la description de divers *Procédés d'impressions inaltérables* (*Photochromie et tirages photo-mécaniques*). 3e édition. In-18 jésus, avec une planche spécimen de Photochromie et 2 planches d'impression à l'encre grasse; 1877. 4 fr. 50 c.

Vidal (Léon). — *Traité pratique de Phototypie, ou Impression à l'encre grasse sur couche de gélatine*. In-18 jésus, avec belles figures sur bois dans le texte et deux planches spécimens; 1879. 8 fr.

Vidal (Léon). — *La Photographie appliquée aux arts industriels de reproduction*. In-18 jésus, avec figures; 1880. 1 fr. 50 c.

A LA MÊME LIBRAIRIE

Boussingault, Membre de l'Institut. — *Agronomie, Chimie agricole et Physiologie*. 2e édition. 6 volumes in-8, avec planches sur cuivre et figures dans le texte; 1860-1861-1864-1868-1874-1878. 32 fr.

Chacun des tomes I à IV se vend séparément. 5 fr.

Les tomes V et VI se vendent séparément. 6 fr.

Cahours (Auguste), Professeur à l'École Polytechnique. — *Traité de Chimie générale élémentaire*. Leçons professées à l'École Centrale des Arts et Manufactures et à l'École Polytechnique. (*Autorisé par décision ministérielle.*)

Chimie inorganique. 4e édition. 3 volumes in-18 jésus avec 250 figures environ et 8 planches; 1878. 15 fr.

Chaque Volume se vend séparément. 6 fr.

Chimie organique. 3e édition, 3 volumes in-18 jésus avec figures; 1874-1875. 15 fr.

Chaque Volume se vend séparément. 6 fr.

Dumas, Secrétaire perpétuel de l'Académie des Sciences. — *Leçons sur la Philosophie chimique* professées au Collège de France en 1836, recueillies par M. *Bineau*. 2e édition. In-8; 1878. 7 fr.

Duplais (aîné). — *Traité de la fabrication des liqueurs et de la distillation des alcools*, suivi du *Traité de la fabrication des eaux et boissons gazeuses*. 4e édition, revue et augmentée par *Duplais jeune*. 2 vol. in-8, avec 15 planches; 1877. 16 fr.

Jamin (J.). — *Petit Traité de Physique*, à l'usage des Établissements d'Instruction, des aspirants aux Baccalauréats et des candidats aux Écoles du Gouvernement. In-8, avec 686 figures dans le texte; 1870. 8 fr.

PARIS. — Imp. Gauthier-Villars, 55, quai des Grands-Augustins.

EXTRAIT DU CATALOGUE

DE LA

LIBRAIRIE GAUTHIER-VILLARS,

SUCCESSEUR DE MALLET-BACHELIER,

IMPRIMEUR-LIBRAIRE

Du Bureau des Longitudes; — des Observatoires de Paris, Montsouris, Marseille et Toulouse; — du Bureau Central Météorologique; — de l'École Polytechnique; — de l'École Centrale des Arts et Manufactures; — du Dépôt des Fortifications; — de la Société Météorologique — du Comité International des Poids et Mesures; etc.

En envoyant à M. Gauthier-Villars un mandat sur la Poste ou une valeur sur Paris, on reçoit les Ouvrages *franco* dans tous les pays qui font partie de l'Union générale des Postes. — Pour les autres pays, suivant les conventions postales.

ANNALES SCIENTIFIQUES DE L'ÉCOLE NORMALE SUPÉRIEURE, publiées sous les auspices du Ministre de l'Instruction publique, par un *Comité de Rédaction composé de MM. les Maîtres de Conférences.*

1re Série, 7 volumes in-4, avec figures dans le texte et planches sur cuivre, années 1864 à 1870. 150 fr.

La 2e Série, commencée en 1872, paraît, chaque mois, par numéro contenant 4 à 5 feuilles in-4, avec figures dans le texte et planches.

En outre, les *Annales* font paraître, depuis 1877, suivant les ressources dont dispose le Recueil, des numéros supplémentaires contenant soit des thèses d'un mérite exceptionnel, soit des travaux dont la publication présente un certain caractère d'urgence, et qui ne peuvent trouver place dans les numéros en cours d'impression. Les numéros supplémentaires ont une pagination spéciale et viennent se classer, dans le Volume, à la suite des douze numéros mensuels.

L'abonnement est annuel et part du 1er janvier.

Prix de l'abonnement pour un an (*12 numéros*)

Paris.............................. 30 fr.
Départements et Union postale.......... 35 fr.
Autres pays.......................... 40 fr.

ANDRÉ et RAYET, Astronomes adjoints de l'Observatoire de Paris, et **ANGOT**, Professeur de Physique au Lycée Fontanes. — **L'Astronomie pratique et les Observatoires en Europe et en Amérique**, depuis le milieu du XVIIe siècle jusqu'à nos jours. In-18 jésus, avec belles figures dans le texte et planches en couleur.

Ire PARTIE : *Angleterre;* 1874.......... 4 fr. 50 c.
IIe PARTIE : *Écosse, Irlande et Colonies anglaises;* 1874.................... 4 fr. 50 c.
IIIe PARTIE : *Amérique du Nord;* 1877... 4 fr. 50 c.
IVe PARTIE : *Amérique du Sud*........ (*Sous presse.*)
Ve PARTIE : *Italie;* 1878 .... 4 fr. 50 c.

ANNALES DE L'OBSERVATOIRE DE PARIS, publiées par M. *Le Verrier*. **Partie théorique**, tomes I à XIV. In-4, avec planches ; 1855-1877.

Les Tomes I à X et les Tomes XII et XIII se vendent séparément. 27 fr.

Le Tome XI (1876) et le Tome XIV (1877) comprennent deux *Parties* qui se vendent séparément. 20 fr.

ANNALES DE L'OBSERVATOIRE DE PARIS, publiées par M. *U.-J. Le Verrier*. **Observations**. Tomes I à XXIII, années 1800 à 1867; tomes XXX à XXXIII, années 1874 à 1877. 27 volumes in-4 (en tableaux); 1858 à 1880.

Chaque Volume se vend séparément. 40 fr.

ANNALES DU BUREAU DES LONGITUDES ET DE L'OBSERVATOIRE ASTRONOMIQUE DE MONTSOURIS. Tome I. In-4, avec une planche sur acier donnant la vue de l'Observatoire ; 1877. 30 fr.

Création de l'Observatoire astronomique de Montsouris, et publication de ses travaux pour l'année 1876; but de la publication actuelle; plan et position de l'Observatoire; par MM. *Mouchez* et *Lœwy*. — Observations; Réduction des observations de passages faites en 1876 à l'Observatoire de Montsouris. — Éphémérides pour 1878 des étoiles de culmination lunaire et de longitude. — Détermination des ascensions droites des étoiles de culmination lunaire et de longitude ; par M. *Lœwy*. — Détermination de la latitude d'un lieu par l'observation d'une hauteur de l'étoile polaire ; par M. *Lœwy*. — Tables générales de réduction des observations méridiennes; par M. *Lœwy*.

ANNALES DU BUREAU CENTRAL MÉTÉOROLOGIQUE DE FRANCE, publiées par M. *Mascart*. Grand in-4, avec planches.

TOME I. **Études des orages en France et Mémoires divers**, avec 47 planches; 1879. 15 fr.

ANNUAIRE DE L'OBSERVATOIRE MÉTÉOROLOGIQUE DE MONTSOURIS pour 1880; Météorologie, Agriculture, Hygiène (contenant le résumé des travaux de l'Observatoire durant l'année 1879). 9e année. In-18 de 522 pages, avec des figures représentant les divers organismes microscopiques rencontrés dans l'air, le sol et leurs eaux. 2 fr.

La Météorologie est envisagée, à Montsouris, spécialement au double point de vue de l'Agriculture et de l'Hygiène.

Au point de vue de l'Agriculture, l'Annuaire contient une série de Tableaux à l'usage des agriculteurs ; le relevé des observations météorologiques anciennes faites à Paris depuis 1735, et permettant d'apprécier les variations annuelles du climat du nord de la France depuis cette époque ; des Notices comprenant l'examen des divers éléments climatériques qui influent sur la marche des cultures, l'époque des récoltes et leur rendement, et l'indication des instruments simples qu'il importe d'observer pour arriver à la prévision des dates et de la valeur de ces récoltes ; les Tableaux résumés des observations météorologiques de 1879, comparés aux résultats économiques de l'année agricole écoulée ; enfin, le résultat des études continuées depuis plusieurs années dans le but de mesurer la somme des éléments de fertilité que l'atmosphère et ses pluies fournissent aux cultures, et le volume d'eau que ces dernières peuvent consommer utilement.

Au point de vue de l'Hygiène, l'Annuaire contient le résumé des résultats des recherches poursuivies à Montsouris, par la Chimie et par le microscope : sur les produits accidentels, gazeux, minéraux ou de nature organique que l'on rencontre habituellement dans l'air, dans le sol et dans les eaux qui découlent de l'un et de l'autre ; sur ceux que les agglomérations urbaines y développent ; et, notamment, sur l'influence que les irrigations à l'eau d'égout exercent sur l'atmosphère, sur le sol et les eaux, comme sur les produits de la terre.

ANNUAIRE pour l'an 1879, publié par le Bureau des Longitudes (contenant une *Notice sur les progrès récents de la Physique solaire;* par M. JANSSEN, membre de l'Institut). In-18 avec une épreuve photoglyptique de la surface du Soleil au 1er juin 1878. 1 fr. 50 c.

ANNUAIRE pour l'an 1880, publié par le Bureau des Longitudes ; contenant les Notices suivantes : *Deux Ascensions au Puy-de-Dôme à dix ans d'intervalle*, par M. FAYE. — *Jonction géodésique et astronomique de l'Algérie avec l'Espagne*, par M. le Ct F. PERRIER (avec deux vues de la station géodésique de M'Sabiha). — *Discours prononcés à l'inauguration de la Statue d'Arago*, à Perpignan (avec une belle gravure sur bois de la statue d'Arago). In-18, de 748 pages, avec la Carte des courbes d'égale déclinaison magnétique en France, au 1er janvier 1879. 1 fr. 50 c.

Pour recevoir l'Annuaire franco par la poste, dans tous les pays faisant partie de l'Union postale, ajouter 35 c.

AOUST (l'Abbé), Professeur à la Faculté des Sciences de Marseille. — **Analyse infinitésimale des courbes tracées sur une surface quelconque.** In-8 ; 1869. 7 fr.

AOUST (l'Abbé). — Analyse infinitésimale des courbes planes, contenant la résolution d'un grand nombre de problèmes choisis, à l'usage des candidats à la licence. In-8, avec 80 fig. dans le texte; 1873. 8 fr. 50 c.

AOUST. — Analyse infinitésimale des courbes dans l'espace. In-8, avec 40 figures dans le texte; 1876. 11 fr.

ATLAS MÉTÉOROLOGIQUE DE L'OBSERVATOIRE DE PARIS, publié avec le concours de l'*Association scientifique de France*. Tome VIII, année 1876. Un volume in-folio oblong de texte, et un Atlas même format contenant 56 cartes ; 1877. 20 fr.

Pour les *Atlas* des années précédentes, *voir* le Catalogue général.

BABINET, Membre de l'Institut (Académie des Sciences). — **Études et Lectures sur les Sciences d'observation et leurs applications pratiques.** 8 vol. in-12.

Chaque Volume se vend séparément. 2 fr. 50 c.

BABINET, Membre de l'Institut, et **HOUSEL**, Professeur de Mathématiques. — **Calculs pratiques appliqués aux Sciences d'observation.** In-8, avec 75 figures dans le texte; 1857. 6 fr.

BACHET, sieur de MÉZIRIAC. — Problèmes plaisants et délectables qui se font par les nombres. 4e éd., revue, simplifiée et augmentée par *A. Labosne*. Petit in-8, caractères elzévirs, titre en deux couleurs; 1879.

Tirage sur papier vélin............ 6 fr.
Tirage sur papier vergé............ 8 fr.

BARRESWIL et DAVANNE. — Chimie photographique, contenant les Éléments de Chimie expliqués par des exemples empruntés à la Photographie; les procédés de Photographie sur glace (collodion humide, sec ou albuminé), sur papiers, sur plaques; la manière de préparer soi-même, d'essayer, d'employer tous les réactifs, d'utiliser les résidus, etc. 4e édition, augmentée et ornée de figures dans le texte. In-8; 1864. 8 fr. 50 c.

BELLANGER (C.-A.), Professeur d'Hydrographie. — **Petit Catéchisme de Machine à vapeur**, à l'usage des candidats aux grades de la marine de commerce. 3e édition. Petit in-8, avec Atlas de 6 planches. 3 fr.

BELLAVITIS, Professeur à l'Université de Padoue. — **Exposition de la Méthode des Équipollences** ; traduit de l'italien par *C.-A. Laisant*, Capitaine du Génie. In-8, avec figures dans le texte; 1874. 4 fr. 50 c.

BENOIT (P.-M.-N.). — La Règle à Calcul expliquée, ou Guide du Calculateur à l'aide de la Règle logarithmique à tiroir. Fort volume in-12 avec pl. 5 fr

BENOIT (P.-M.-N.). — Guide du Meunier et du Constructeur de Moulins. 1re *Partie :* Construction des moulins. 2ᵉ *Partie :* Meunerie. 2 vol. in-8 de 900 pages, avec 22 planches contenant 638 figures; 1863. 12 fr.

BERRY (C.), Lieutenant de vaisseau. — **Théorie complète des occultations, à l'usage spécial des officiers de Marine et des astronomes.** Publication approuvée par le Bureau des Longitudes, et autorisée par M. le Ministre de la Marine et des Colonies. In-4, avec figures; 1880. 6 fr.

BERTHELOT (M.), Membre de l'Institut, **COULIER**, Pharmacien principal de l'armée, et **D'ALMEIDA**, Professeur de Physique au Lycée Henri IV. — **Vérification de l'aréomètre de Baumé.** In-8; 1873. 2 fr.

BERTHELOT (M.). — **Leçons sur les Méthodes générales de synthèse en Chimie organique.** In-8; 1864. 8 fr.

BERTRAND (J.), Membre de l'Institut. — **Traité de Calcul différentiel et de Calcul intégral.**

Calcul différentiel. In-4; 1864............ (*Rare.*)

Calcul intégral (*Intégrales définies et indéfinies*). In-4 de 720 p., avec 88 fig. dans le texte; 1870... 30 fr.

Le troisième et dernier Volume, Calcul intégral (*Équations différentielles*), est sous presse.

BETTI (Enrico). — **Teorica delle Forze newtoniane, e sue applicazioni all' Elettrostatica e al Magnetismo.** Grand in-8. Pise; 1879. 15 fr.

BIEHLER, Directeur des Études à l'École préparatoire du Collège Stanislas. — **Sur la théorie des Équations.** (Thèse d'Algèbre). In-4; 1879. 5 fr.

BILLET, Professeur de Physique à la Faculté des Sciences de Dijon. — **Traité d'Optique physique.** 2 forts vol. in-8, avec 14 pl. composées de 337 fig.; 1858. 15 fr.

BORDAS-DEMOULIN. — **Le Cartésianisme, ou la véritable rénovation des Sciences.** Ouvrage couronné par l'Institut; suivi de la *Théorie de la substance* et de celle *de l'infini*. 2ᵉ édition. In-8; 1874. 8 fr.

BORIUS, Médecin de la Marine. — **Recherches sur le climat du Sénégal.** In-8, accompagné de tableaux météorologiques, de 14 figures dans le texte et d'une Carte du climat et de l'état sanitaire du Sénégal suivant les saisons; 1875. 7 fr.

BORIUS. — **Recherches sur le climat des établissements français de la côte septentrionale du golfe de Guinée.** Grand in-8; 1880. 1 fr. 25 c.

BOSET, Professeur de Mathématiques supérieures à l'Athénée royal de Namur. — **Traité de Géométrie analytique**, précédé des *Éléments de la Trigonométrie rectiligne et sphérique*. In-8°, avec 322 figures dans le texte; 1878. 12 fr.

BOUCHARLAT (J.-L.). — **Théorie des courbes et des surfaces du second ordre, ou Traité complet d'application de l'Algèbre à la Géométrie.** 3ᵉ édition, revue, corrigée et augmentée de **Notes** et des **Principes de la Trigonométrie rectiligne.** In-8, avec pl.; 1845. 8 fr.

BOUCHARLAT (J.-L.). — **Éléments de Calcul différentiel et de Calcul intégral.** 8e édition, revue et annotée par M. *Laurent*, Répétiteur à l'École Polytechnique. In-8, avec planches; 1880. 8 fr.

BOUCHARLAT (J.-L.). — **Éléments de Mécanique.** 4e édition. 1 volume in-8, avec 10 planches; 1861. 8 fr.

BOUCHET (U.), Calculateur principal du Bureau des Longitudes. — **Hémérologie, ou Traité pratique complet des calendriers** julien, grégorien, israélite et musulman, avec les règles de l'ancien calendrier égyptien. (*Ouvrage approuvé par l'Académie des Sciences*). In-8; 1868. 7 fr. 50 c.

BOUR (Edm.), Ingénieur des Mines. — **Cours de Mécanique et Machines,** professé à l'École Polytechnique :

Cinématique. In-8, avec Atlas de 30 planches in-4 gravées sur cuivre; 1865. 10 fr.

Statique et travail des forces dans les machines à l'état de mouvement uniforme, publié par *M. Phillips*, Professeur de Mécanique à l'École Polytechnique, avec la collaboration de MM. *Collignon* et *Kretz*. In-8, avec Atlas de 8 planches contenant 106 fig.; 1868. 6 fr.

Dynamique et Hydraulique, avec 125 figures dans le texte; 1874. 7 fr. 50 c.

BOURDON, ancien Examinateur d'admission à l'École Polytechnique. — **Éléments d'Arithmétique.** 36e édit. In-8; 1878. (*Adopté par l'Université.*) 4 fr.

BOURDON. — **Application de l'Algèbre à la Géométrie,** comprenant la Géométrie analytique à deux et à trois dimensions. 9e édit., revue et annotée par M. *Darboux*. In-8, avec pl.; 1880. (*Adopté par l'Université.*) 9 fr.

BOURDON. Éléments d'Algèbre, avec Notes signées *Prouhet*. 15e éd. In-8; 1877. (*Adopté par l'Univ.*) 8 fr.

BOURDON. — **Trigonométrie rectiligne et sphérique.** 2e éd., revue et annotée par M. *Brisse*. In-8, avec fig. dans le texte; 1877. (*Adopté par l'Université.*) 3 fr.

BOUSSINESQ, Professeur à la Faculté des Sciences de Lille. — **Étude sur divers points de la Philosophie des Sciences.** Grand in-8; 1879. 3 fr.

BOUSSINESQ (J.). — **Conciliation du véritable déterminisme mécanique avec l'existence de la vie et de la liberté morale.** Grand in-8; 1878. 5 fr.

BOUSSINGAULT, Membre de l'Institut. — **Agronomie, Chimie agricole et Physiologie.** 2e édition. 6 volumes in-8, avec planches sur cuivre et figures dans le texte; 1860-1861-1864-1868-1874-1878. 32 fr.

Chacun des tomes I à IV se vend séparément 5 fr.

Les tomes V et VI se vendent séparément. 6 fr.

BOUSSINGAULT. — **Études sur la transformation du fer en acier par la cémentation.** In-8; 1875. 4 fr.

BOUTY, Professeur de Physique au Lycée Saint-Louis. — **Théorie des Phénomènes électriques** (*Théorie du potentiel*). Supplément au Tome I de la 3e édition du *Cours de Physique de l'École Polytechnique*, par MM. *Jamin* et *Bouty*. In-8, avec figures dans le texte et une planche; 1878. 2 fr. 50 c.

BRESSE, Professeur de Mécanique à l'École des Ponts et Chaussées. — **Cours de Mécanique appliquée professé à l'École des Ponts et Chaussées.**

PREMIÈRE PARTIE : *Résistance des matériaux et stabilité des constructions*. In-8, avec fig. dans le texte. 3e édition, revue et beaucoup augmentée; 1880. 13 fr.

DEUXIÈME PARTIE : *Hydraulique*. In-8, avec fig. dans le texte et une planche ; 3e édition ; 1879. 10 fr.

TROISIÈME PARTIE : *Calcul des moments de flexion dans une poutre à plusieurs travées solidaires*. In-8, avec figures dans le texte et Atlas in-folio de 24 planches sur cuivre ; 1865. 16 fr.

Chaque Partie se vend séparément.

BREWER (Dr). — **La Clef de la Science,** *ou les Phénomènes de la Nature expliqués*. 5e édition, revue, transformée et considérablement augmentée, par M. l'*Abbé Moigno*. In-18 jésus, XV-727 pages; 1874. 4 fr. 50 c.

BRIOT (Ch.), Professeur à la Faculté des Sciences de Paris. — **Théorie des fonctions abéliennes.** Un beau volume in-4; 1879. 15 fr.

BRIOT (Ch.). — **Essais sur la Théorie mathématique de la Lumière.** In-8, avec fig. dans le texte; 1864. 4 fr.

BRIOT (Ch.) et **BOUQUET.** — **Théorie des fonctions elliptiques.** 2e édition. In-4, avec figures; 1875. 30 fr.

BROCH (Dr O.-J.), Professeur de Mathématiques à l'Université royale de Christiania. — **Traité élémentaire des fonctions elliptiques.** In-8; 1867. 6 fr.

BRODIE, F. R. S., Professeur de Chimie à l'Université d'Oxford. — **Le Calcul des opérations chimiques,** soit une Méthode pour la recherche, par le moyen des symboles, des *lois de la distribution du poids dans les transformations chimiques*. Traduit de l'anglais par le Dr A. NAQUET. Grand in-8; 1879. 7 fr. 50 c.

BRUNNOW (F.), Directeur de l'Observatoire de Dublin. — **Traité d'Astronomie sphérique et d'Astronomie pratique.** Édition française publiée par MM. *André* et *Lucas*, Astronomes adjoints à l'Observatoire de Paris.

PREMIÈRE PARTIE : *Astronomie sphérique*. In-8, avec figures dans le texte ; 1869. (*Rare.*)

DEUXIÈME PARTIE : *Astronomie pratique*, augmentée de Tables astronomiques, de nombreux développements sur la construction et l'emploi des instruments, sur les méthodes adoptées à l'Observatoire de Paris, sur l'équation personnelle, sur la parallaxe du Soleil, etc. In-8, avec figures dans le texte; 1872. 10 fr.

BULLETIN DES SCIENCES MATHÉMATIQUES ET ASTRONOMIQUES, rédigé par MM. *Darboux*, *Hoüel* et *Tannery*, avec la collaboration de MM. *André*, *Battaglini*, *Beltrami*, *Bougaïef*, *Brocard*, *Laisant*, *Lampe*, *Lespiault*, *Potocki*, *Radau*, *Rayet*, *Weyr*, etc., sous la direction de la Commission des Hautes Etudes. (Président de la Commission : M. *Chasles*; Membres : MM. *J. Bertrand*, *Puiseux*, *J.-A. Serret*.). IIe Série, Tome IV (en deux Parties); 1880.

Ce **Bulletin mensuel**, fondé en 1870, a formé par an, jusqu'en 1872, un volume de 25 à 26 feuilles grand in-8 (Tomes I, II, III). — A partir de cette époque, un accroissement considérable lui a été donné, sans augmentation de prix, et ce Journal a formé, depuis janvier 1873 jusqu'en décembre 1876, 2 volumes par an (1 volume par semestre, avec Tables), comprenant en tout 42 à 43 feuilles grand in-8. Les Tomes I à XI, 1870 à 1876, composent la Ire Série.

La IIe Série, qui a commencé en janvier 1877, forme chaque année un Ouvrage de 48 feuilles environ, qui comprend deux Parties ayant une pagination spéciale et pouvant se relier séparément. La première Partie contient : 1° *Comptes rendus de Livres et Analyses de Mémoires*; 2° *Traductions de Mémoires importants et peu répandus*, *Réimpression d'Ouvrages rares et Mélanges scientifiques*. La deuxième Partie contient : *Revue des Publications périodiques et académiques*.

Les abonnements sont annuels et partent de janvier.

Prix pour un an (12 *numéros*) :

Paris	18 fr.
Départements et Union postale	20 fr.
Autres pays	24 fr.

La **1re Série**, Tomes I à XI, 1870 à 1876, *se vend* 90 fr.

BUREAU CENTRAL MÉTÉOROLOGIQUE DE FRANCE. — **Instructions météorologiques**, suivies de *Tables diverses pour la réduction des observations*. 2e édition, in-8, avec belles figures dans le texte; 1880. (*Sous presse.*)

— **Annales pour l'année 1879.** — **Étude des orages en France et Mémoires divers.** Un beau volume grand in-4 avec 47 planches; 1879. 15 fr.

CABANIÉ, Charpentier, Professeur du Trait de Charpente, de Mathématiques, etc. — **Charpente générale théorique et pratique.** 2 volumes in-folio avec planches. 2e édition. (*Port non compris.*) 50 fr.

On vend séparément : le tome Ier, **Bois droit.** 25 fr.
le tome II, **Bois croche.** 25 fr.

CAHOURS (Auguste), Professeur à l'Ecole Polytechnique. — **Traité de Chimie générale élémentaire.** Leçons professées à l'École Centrale des Arts et Manufactures et à l'École Polytechnique. (*Autorisé par décision ministérielle.*)

Chimie inorganique. 4ᵉ édition. 3 volumes in-18 jésus avec 250 figures environ et 8 planches; 1878. 15 fr.
Chaque Volume se vend séparément. 6 fr.
Chimie organique. 3ᵉ édition, 3 volumes in-18 jésus avec figures ; 1874-1875. 15 fr.
Chaque Volume se vend séparément. 6 fr.

CALLON (Ch.). — **Cours de construction de machines** professé à l'École Centrale des Arts et Manufactures. Album cartonné, contenant 118 planches in-folio de dessins avec cotes et légendes (*Matériel agricole. Hydraulique*); 1875. 30 fr.

CAMINATI, Professore titolare di Matematica nel R. Istituto tecnico di Sondrio. — **Teorica e pratica dei Logaritmi di addizione e di sottrazione** di *Zecchini Leonelli*, esposta con Tavole calcolate a sette decimali. In-8; 1879. 2 fr.

CAMPOU (de), Professeur au Collège Rollin. — **Théorie des quantités négatives.** In-8, avec figures; 1879. 1 fr. 50 c.

CARNOT (Sadi), ancien Élève de l'École Polytechnique. — **Réflexions sur la puissance motrice du feu et sur les machines propres à développer cette puissance.** In-4, suivi d'une *Notice biographique sur Sadi Carnot*, par H. Carnot, Sénateur, et de *Notes inédites de Sadi Carnot sur les Mathématiques, la Physique et autres sujets.* 2ᵉ édition, contenant un beau portrait de Sadi Carnot et un fac-simile; 1878. 6 fr.

CARNOY, Professeur à l'Université de Louvain. — **Cours de Géométrie analytique.** 2 volumes grand in-8, avec figures dans le texte. 21 fr.

On vend séparément :

Géométrie plane; 3ᵉ édition, 1880. 10 fr.
Géométrie de l'espace; 2ᵉ édition, 1877. 11 fr.

CATALAN (E.), ancien Élève de l'École Polytechnique. —**Manuel des Candidats à l'École Polytechnique.**
Tome I : **Algèbre, Trigonométrie, Géométrie analytique à deux dimensions.** In-18, avec 167 figures; 1857. 5 fr.
Tome II : **Géométrie analytique à trois dimensions. Mécanique.** In-18 avec 139 fig. dans le texte; 1858. 4 fr.
Chaque Volume se vend séparément.

CATALAN (E.). — **Traité élémentaire des Séries.** Grand in-8, avec figures; 1860. 5 fr.

CATALAN (E.). — **Cours d'Analyse** de l'Université de Liège. *Algèbre, Calcul différentiel, Iʳᵉ Partie du Calcul intégral.* 2ᵉ édition, revue et augmentée. In-8, avec figures dans le texte; 1879. 12 fr.

CAUCHY (le Baron Aug.), Membre de l'Académie des Sciences. — **Sa Vie et ses Travaux,** par M. *Valson*, Professeur à la Faculté des Sciences de Grenoble, avec une Préface de M. *Hermite*, Membre de l'Académie des Sciences. 2 vol. in-8; 1868. 8 fr.

CHARLON (H.). — **Théorie mathématique des Opérations financières.** 2ᵉ édition. Grand in-8, avec Tables numériques relatives aux emprunts par obligations. Tables numériques relatives aux calculs d'intérêts composés et d'annuités, et Tables logarithmiques de Fedor Thoman relatives aux calculs d'intérêts composés et d'annuités; 1878. 12 fr. 50 c.

CHARLON (H.). — **Théorie élémentaire des Opérations financières.** Grand in-8, avec Tables; 1880. 6 fr. 50 c.

CHASLES. — **Traité des Sections coniques, faisant suite au Traité de Géométrie supérieure.** *Première Partie.* In-8, avec 5 planches gravées sur cuivre, et contenant 133 figures; 1865. 9 fr.

La seconde Partie, qui est sous presse, se vendra de même séparément.

CHASLES. — **Aperçu historique sur l'origine et le développement des méthodes en Géométrie, particulièrement de celles qui se rapportent à la Géométrie moderne,** suivi d'un *Mémoire de Géométrie sur deux principes généraux de la Science, la Dualité et l'Homographie.* Seconde édition, conforme à la première. Un beau volume in-4 de 850 pages; 1875. 35 fr.

CHASLES. — **Traité de Géométrie supérieure.** Deuxième édition. Un beau volume grand in-8, avec 12 planches; 1880 (paraîtra en juillet 1880). 24 fr.

CHEVALLIER et MUNTZ. — **Problèmes de Mathématiques,** avec leurs solutions développées, à l'usage des Candidats au Baccalauréat ès Sciences et aux Écoles du Gouvernement. In-8, lithographié; 1872. 4 fr.

CHEVALLIER et MUNTZ. — **Problèmes de Physique,** avec leurs solutions développées, à l'usage des Candidats au Baccalauréat ès Sciences et aux Écoles du Gouvernement. In-8, lithographié; 1872. 2 fr. 75 c.

CHEVILLARD, Professeur à l'École des Beaux-Arts. — **Leçons nouvelles de Perspective.** 2ᵉ édit. In-8, avec Atlas in-4 de 32 planches gravées sur acier; 1878. 12 fr.

CHEVREUL (E.-E.), Membre de l'Institut. — **De la Baguette divinatoire, du Pendule dit** *explorateur* **et des Tables tournantes.** In-8; 1854. 3 fr.

CHOQUET, Docteur ès Sciences. — **Traité d'Algèbre.** (*Autorisé.*) In-8; 1856. 7 fr. 50 c.

CLAUSIUS (R.), Professeur à l'Université de Bonn, Correspondant de l'Institut de France. — **De la fonction potentielle et du potentiel;** traduit de l'allemand, sur la 2ᵉ édition, par *F. Folie.* In-8; 1870. 4 fr.

CLEBSCH (Alfred). — **Leçons sur la Géométrie,** recueillies et complétées par *Ferdinand Lindemann,* Professeur à l'Université de Fribourg en Brisgau, et traduites par *Adolphe Benoist,* Docteur en droit. 3 vol. grand in-8°, avec figures dans le texte; 1879.

Tome Iᵉʳ. — Traité des sections coniques et Introduction à la théorie des formes algébriques. 12 fr.

Tome II. — Courbes algébriques en général et courbes du troisième ordre. (*Sous presse.*)

Tome III. — Intégrales abéliennes et connexes. (*Sous presse.*)

COMBEROUSSE (Charles de), Ingénieur, Professeur de Mécanique et Examinateur d'admission à l'École Centrale des Arts et Manufactures. — **Cours de Mathématiques**, à l'usage des Candidats à l'École Polytechnique, à l'École Normale supérieure et à l'École centrale des Arts et Manufactures. 3 vol. in-8, avec fig. dans le texte et planches.

Chaque Volume se vend séparément :

Le Tome Ier, Arithmétique et Algèbre élémentaire (avec 38 figures dans le texte). 2e édition; 1876. 10 fr.

On vend à part : Arithmétique. 4 fr.
Algèbre élémentaire. 6 fr.

Le Tome II, Géométrie plane, Géométrie dans l'espace, Complément de Géométrie, Trigonométrie, Complément d'Algèbre. 2e édition. (*Sous presse.*)

Le Tome III, Géométrie descriptive (avec Atlas de 53 pl., contenant 274 fig.). (*Sous presse.*)

COMBEROUSSE (Ch. de), Ingénieur civil, Professeur de Mécanique à l'École Centrale, Ancien Élève et Membre du Conseil de l'École. — **Histoire de l'École Centrale des Arts et Manufactures, depuis sa fondation jusqu'à ce jour.** Un beau volume grand in-8, orné de 4 planches à l'eau-forte, tirées sur chine; 1879. 12 fr.

(*Voir* École Centrale. — *Cinquantième anniversaire.*)

COMITÉ INTERNATIONAL DES POIDS ET MESURES.
— **Procès-verbaux des Séances de 1876.** In-8. 2 fr.
— **Procès-verbaux des Séances de 1877.** In-8. 5 fr.
— **Procès-verbaux des Séances de 1878.** In-8. 5 fr.
— **Procès-verbaux des Séances de 1879.** In-8. 5 fr.

COMPAGNON (P.-F.), ancien Professeur de l'Université. — **Éléments de Géométrie.** Cet Ouvrage est surtout destiné aux jeunes gens qui se préparent aux Écoles du Gouvernement. 2e édit. In-8, avec fig.; 1876.

Broché.......... 7 fr.
Cartonné........ 7 fr. 75 c.

COMPAGNON (P.-F.). — **Abrégé des Éléments de Géométrie.** Cet Ouvrage s'adresse particulièrement aux Élèves des différentes classes de Lettres et aux candidats au Baccalauréat ès Lettres et ès Sciences, ou aux Élèves de l'Enseignement secondaire spécial. 2e édition. In-8, avec figures ; 1876. (*Autorisé par le Conseil supérieur de l'Enseignement secondaire spécial.*)

Broché.......... 4 fr. 50 c.
Cartonné........ 5 fr. 25 c.

COMPAGNON (P.-F.) — **Questions proposées sur les Éléments de Géométrie**, divisées en Livres, Chapitres et paragraphes, et contenant quelques indications *Sur la manière de résoudre certaines questions.* In-8, avec figures dans le texte; 1877. 5 fr.

CONNAISSANCE DES TEMPS ou des mouvements célestes à l'usage des Astronomes et des Navigateurs, publiée par le Bureau des Longitudes **pour l'an 1881.** Grand in-8 de plus de 800 pages, avec cartes. 4 fr.

Pour recevoir l'Ouvrage franco dans les pays de l'Union postale, ajouter 1 fr.

Depuis le Volume **pour l'an 1879,** la *Connaissance des Temps* ne contient plus d'*Additions*, et son prix a été abaissé à 4 fr. Les Mémoires qui composaient autrefois les *Additions* sont publiés dans les **Annales du Bureau des Longitudes et de l'Observatoire astronomique de Montsouris.** (*Voir* p. 2.)

CONSOLIN (B.), Professeur du Cours de Voilerie à Brest. — **Manuel du Voilier,** revu et publié par ordre du Ministre de la Marine. Grand in-8 sur jésus, de 528 pages et 11 planches; 1859. 12 fr.

CONSOLIN (B.). — **Méthode pratique de la Coupe des voiles des navires et embarcations,** suivie de Tables graphiques. In-12, avec 3 planches; 1863. 3 fr.

CONSOLIN (B.). — **L'Art de voiler les embarcations,** suivi d'un Aide-Mémoire de Voilerie. In-12, avec une grande planche; 1866. 2 fr.

CONTAMIN, Professeur à l'École Centrale. — **Cours de Résistance appliquée.** Grand in-8°, avec 236 figures dans le texte; 1878. 16 fr.

CREMONA (L.), Directeur de l'École d'application des Ingénieurs à Rome. — **Éléments de Géométrie projective** (*Géométrie supérieure*), traduits par *Ed. Dewulf*, Chef de Bataillon du Génie. Un beau volume in-8, avec 216 fig. sur cuivre, en relief, dans le texte, 1875. 6 fr.

CROOKES (William), Membre de la Société Royale de Londres. — **La matière radiante.** In-8, avec 21 figures dans le texte; 1880. 1 fr. 50 c.

CRESSON. — **Principes de Dessin** pour préparation à tous les genres. **40 grands modèles gradués,** format demi-jésus, lithogr., avec un texte explicatif; 1865. 8 fr.

CYPARISSOS (Stephanos). — **Sur les systèmes desmiques de trois tétraèdres.** Grand in-8; 1879. 1 fr. 50 c.

DARBOUX, Maître de conférences à l'École Normale supérieure. — **Sur une classe remarquable de courbes et de surfaces algébriques, et sur la Théorie des imaginaires.** Grand in-8, avec figures; 1873. 6 fr.

DARCY. — **Recherches expérimentales relatives au mouvement des eaux dans les tuyaux.** In-4, avec 12 planches; 1857. 15 fr.

DAVANNE. — **Les Progrès de la Photographie.** Résumé comprenant les perfectionnements apportés aux divers procédés photographiques pour les épreuves négatives et les épreuves positives, les nouveaux modes de tirage des épreuves positives par les impressions aux poudres colorées et par les impressions aux encres grasses. In-8°; 1877. 6 fr. 50 c.

DECHARME. — Formes vibratoires des bulles de liquide glycérique. In-8, avec figures dans le texte; 1880. 1 fr. 50 c.

DELAISTRE (L.), Professeur de Dessin général. — **Cours complet de Dessin linéaire, gradué et progressif**, contenant la Géométrie pratique, élémentaire et descriptive; l'Arpentage, le Levé des Plans et le Nivellement; le Tracé des Cartes géographiques; des Notions sur l'architecture; le Dessin industriel; la Perspective linéaire et aérienne; le Tracé des ombres et l'étude du Lavis.

Atlas cartonné, in-4 oblong, contenant 60 planches et 70 pages de texte. 2e édit., revue et corrigée; 1873. 15 fr.

Ouvrage donné en prix, par la Société d'Encouragement pour l'Industrie nationale, aux CONTRE-MAITRES des Établissements industriels, et choisi par le Ministre de l'Instruction publique pour les Bibliothèques scolaires.

DELAMBRE, Membre de l'Institut. — **Traité complet d'Astronomie théorique et pratique.** 3 vol. in-4, avec planches; 1814. 40 fr.

DELAMBRE. — Histoire de l'Astronomie ancienne. 2 vol. in-4, avec planches; 1817. 25 fr.

DELAMBRE. — Histoire de l'Astronomie du moyen âge. 1 vol. in-4, avec planches; 1819. 20 fr.

DELAMBRE. — Histoire de l'Astronomie moderne. 2 vol. in-4, avec planches; 1821. 30 fr.

DELAMBRE. — Histoire de l'Astronomie au XVIIIe siècle; publiée par M. *Mathieu*, Membre de l'Académie des Sciences. In-4, avec planches; 1827. 20 fr.

DELISLE (A.), Examinateur pour l'admission à l'École Navale, Professeur émérite et officier de l'Université, et

GERONO, Professeur de Mathématiques. — **Géométrie analytique.** In-8, avec planches. 5 fr.

DELISLE et GERONO. — Éléments de Trigonométrie rectiligne et sphérique. 7e édition. In-8, avec planches; 1876. 3 fr. 50 c.

DENFER, chef des travaux graphiques de l'École Centrale des Arts et Manufactures. — **Album de Serrurerie**, conforme au Cours de Constructions civiles professé à l'École Centrale par E. MULLER, et contenant *l'emploi du fer dans la maçonnerie et dans la charpente en bois, la charpente en fer, les ferrements des menuiseries en bois, la menuiserie en fer, les grosses fontes et articles divers de quincaillerie.* Gr. in-4, contenant 100 belles planches lith.; 1872. 13 fr.

DESBOVES. — Mémoire sur la résolution des nombres entiers de l'équation $aX^m + bY^m = cZ^n$. In-8; 1879. 1 fr. 50 c.

DE SELLE, Professeur à l'École Centrale. — **Cours de**

Minéralogie et de Géologie. 2 forts volumes grand in-8°.

TOME Ier. — Phénomènes actuels. Grand in-8° (avec Atlas de 147 planches); 1878. 25 fr.

TOME II. — Minéralogie. (*Sous presse.*)

D'ÉTROYAT (Ad.). — **De la carène du navire et de l'Échelle de solidité.** In-4, avec 5 planches; 1865. 4 fr.

DIEN et FLAMMARION. — **Atlas céleste,** comprenant toutes les Cartes de l'ancien Atlas de **Ch. Dien,** rectifié, augmenté et enrichi de 5 Cartes nouvelles relatives aux principaux objets d'études astronomiques, par **C. Flammarion,** avec une *Instruction* détaillée pour les diverses Cartes de l'Atlas. In-folio, cartonné avec luxe, de 31 planches gravées sur cuivre, dont 5 doubles. 3e édition; 1877.

Prix { En feuilles, dans une couverture imprimée.. 40 fr.
Cartonné avec luxe, toile pleine........... 45 fr.

Les Cartes composant cet Atlas sont les suivantes :

A. Constellations de l'hémisphère céleste boréal (*Carte double*).
B. Constellations de l'hémisphère céleste austral (*Carte double*).
1. Petite Ourse, Dragon, Céphée, Cassiopée, Persée.
2. Andromède, Cassiopée, Persée, Triangle.
3. Girafe, Cocher, Lynx, Télescope.
4. Grande Ourse, Petit Lion.
5. Chevelure de Bérénice, Lévriers, Bouvier, Couronne boréale.
6. Dragon, Carré d'Hercule, Lyre, Cercle mural.
7. Hercule, Ophiuchus, Serpent, Taureau de Poniatowski, Écu de Sobieski.
8. Cygne, Lézard, Céphée.
9. Aigle et Antinoüs, Dauphin, Petit Cheval, Renard, Oie, Flèche, Pégase.
10. Bélier, Taureau (Pléiades, Hyades, Mouche).
11. Gémeaux, Cancer, Petit Chien.
12. Lion, Sextant, Tête de l'Hydre.
13. Vierge.
14. Balance, Serpent, Hydre.
15. Scorpion, Ophiuchus, Serpent, Loup.
16. Sagittaire, Couronne australe.
17. Capricorne, Verseau, Poisson austral.
18. Poissons, Carré de Pégase.
19. Baleine, Atelier du Sculpteur.
20. Éridan, Lièvre, Colombe, Harpe, Sceptre, Laboratoire.
21. Orion, Licorne.
22. Grand Chien, Navire, Boussole.
23. Hydre, Coupe, Corbeau, Sextant, Chat.
24. Constellations voisines du pôle austral (*Carte double*).
25. Mouvements propres séculaires des étoiles (*Carte double*).
26. Carte générale des étoiles multiples, montrant leur distribution dans le Ciel (*Carte double*).
27. Étoiles multiples en mouvement relatif certain.
28. Orbites d'étoiles doubles et groupes d'étoiles les plus curieux du Ciel.
29. Les plus belles nébuleuses du Ciel (1).

On vend séparément un Fascicule contenant:

Les 5 *Cartes nouvelles*, n°s 25 à 29 de l'Atlas céleste,

---

(1) Pour recevoir franco, par poste, dans tous les pays de l'Union postale, l'ATLAS *en feuilles*, soigneusement enroulé et enveloppé, ajouter 2 fr.

Les dimensions (0^{m},50 sur 0^{m},35) de l'ATLAS *cartonné* ne permettant pas de l'expédier par la poste, cet Atlas *cartonné*, dont le poids est de 2^{kg},9, sera envoyé aux frais du destinataire, soit par messageries grande vitesse, soit par tout autre mode indiqué.

par C. Flammarion. Ces Cartes sont renfermées dans une couverture imprimée, avec l'*Instruction* composée pour la nouvelle édition de l'Atlas. 15 fr.

DINI (Ulisse), Professore ordinario nella R. Università di Pisa. — **Fondamenti per la teorica delle funzioni di variabili reali.** Grand in-8; 1878. 15 fr.

DISLERE. — La Guerre d'escadre et la Guerre de côtes. (*Les nouveaux navires de combat.*) Un beau volume grand in-8, avec nombreuses figures, gravées sur bois, dans le texte; 1876. 7 fr.

DISLERE (P.). — Les Budgets maritimes de la France et de l'Angleterre (*Études de Statistique*) Grand in-8; 1878. 3 fr.

DORMOY (Émile). — Théorie mathématique des assurances sur la vie. Deux volumes grand in-8; 1878. 20 fr.

Chaque volume se vend séparément. 10 fr.

DOSTOR (G.), Docteur ès Sciences, Professeur à la Faculté des Sciences de l'Université catholique de Paris. — **Éléments de la théorie des déterminants**, avec application à l'Algèbre, à la Trigonométrie et à la Géométrie analytique dans le plan et dans l'espace, à l'usage des classes de Mathématiques spéciales. In-8; 1877. 8 fr.

DUBOIS, Examinateur hydrographe de la Marine. — **Les passages de Vénus sur le disque solaire**, considérés au point de vue de la détermination de la distance du Soleil à la Terre. *Passage de* 1874; *Notions historiques sur les passages de* 1761 *et* 1769. In-18 jésus, avec figures; 1874. 3 fr. 50

DUBRUNFAUT. — Le Sucre dans ses rapports avec la Science, l'Agriculture, l'Industrie, le Commerce, l'Économie publique et administrative, ou *Études faites depuis* 1866 *sur la question des Sucres.* Deux vol. in-8. 20 fr.

On vend séparément :

Tome I; 1873........................ 10 fr.
Tome II; 1878........................ 10 fr.

DUCOM. — Cours complet d'observations nautiques, avec les notions nécessaires au Pilotage et au Cabotage, augmenté de la puissance des effets des ouragans, typhons, tornados des régions tropicales. 3e édit.; 1858. 1 vol. in-8. 12 fr.

DUHAMEL, Membre de l'Institut. — **Éléments de Calcul infinitésimal.** 3e édit., revue et annotée par M. *J. Bertrand*, Membre de l'Institut. 2 vol. in-8, avec planches; 1874-1875. 15 fr.

DUHAMEL. — Des Méthodes dans les sciences de raisonnement. 5 vol. in-8. 27 fr. 50 c.

Première Partie. *Des Méthodes communes à toutes les sciences de raisonnement.* 2e édition. In-8; 1875. 2 fr. 50 c.

Deuxième Partie. *Application des Méthodes à la science des nombres et à la science de l'étendue.* 2e édition. In-8; 1877. 7 fr. 50 c.

Troisième Partie. *Application de la science des nombres à la science de l'étendue.* In-8, avec fig.; 1868. 7 fr. 50 c.

Quatrième Partie. *Application des Méthodes générales à la science des forces.* In-8, avec fig.; 1870. 7 fr. 50 c.

Cinquième Partie. *Essai d'une application des Méthodes à la science de l'homme moral.* 2ᵉ éd. In-8; 1873. 2 fr. 50 c.

DULOS (Pascal), Professeur de Mécanique à l'École d'Arts et Métiers et à l'École des Sciences d'Angers. — **Cours de Mécanique**, à l'usage des École d'Arts et Métiers et de l'enseignement spécial des Lycées. 4 vol. in-8, avec belles figures gravées sur bois dans le texte; 1875-1876-1877-1879. (*Ouvrage honoré d'une souscription des Ministères de l'Agriculture et de l'Instruction publique.*)

On vend séparément :

Tome I : *Composition des forces. — Équilibre des corps solides. — Centre de gravité. — Machines simples. — Ponts suspendus. — Travail des forces. — Principe des forces vives. — Moments d'inertie. — Force centrifuge. — Pendule simple et composé. — Centre de percussion. — Régulateur à force centrifuge. — Pendule balistique.* 7 fr. 50.

Tome II : *Résistances nuisibles ou passives. — Frottement. — Application aux machines. — Roideur des cordes. — Application du théorème des forces vives à l'établissement des machines. — Théorie du volant. — Résistance des matériaux.* 7 fr. 50 c.

Tome III : *Hydraulique. — Écoulement des fluides. — Jaugeage des cours d'eau. — Établissement des canaux à régime constant. — Récepteurs hydrauliques. — Travail des pompes. — Bélier hydraulique. — Vis d'Archimède. — Moulins à vent.* 7 fr. 50 c.

Tome IV : *Machines à vapeur. — Notions générales sur la Thermodynamique. — Chaudières à vapeur. — Calcul des volants. — Distribution de la vapeur dans les cylindres. — Courbes de réglementation. — Appareils dynamométriques.* 9 fr. 50 c.

DUMAS, Secrétaire perpétuel de l'Académie des Sciences. — **Études sur le Phylloxera et sur les Sulfocarbonates.** In-8, avec planche; 1876. 3 fr.

DUMAS, Secrétaire perpétuel de l'Académie des Sciences. — **Leçons sur la Philosophie chimique** professées au Collège de France en 1836, recueillies par M. *Bineau.* 2ᵉ édition. In-8; 1878. 7 fr.

DU MONCEL (Th.), Ingénieur électricien de l'Administration des Lignes télégraphiques. — **Traité théorique et pratique de Télégraphie électrique**, à l'usage des employés télégraphistes, des ingénieurs, des constructeurs et des inventeurs. Vol. in-8 de 642 pages, avec 156 figures dans le texte et 3 planches sur cuivre; imprimé sur carré fin satiné; 1864. 10 fr.

DU MONCEL (Th.). — Exposé des Applications de l'Électricité. *Technologie électrique.* 3ᵉ édition, entièrement refondue; 5 volumes grand in-8 cartonnés, avec nombreuses figures et planches; 1872-1878. 72 fr.

On vend séparément :

Tome I : 516 p., 1 pl. et 99 fig.............. 14 fr.
Tome IV : 570 pages, 9 pl. et 123 fig......... 14 fr.
Tome V : 672 pages, 3 pl. et 169 fig.......... 16 fr.

DUPLAIS (aîné). — Traité de la fabrication des liqueurs et de la distillation des alcools, suivi du *Traité de la fabrication des eaux et boissons gazeuses*. 4e édition, revue et augmentée par *Duplais jeune*. 2 vol. in-8, avec 15 planches; 1877. 16 fr.

DUPRÉ (Ath.), Doyen de la Faculté des Sciences de Rennes. — **Théorie mécanique de la Chaleur.** In-8, avec figures dans le texte; 1869. 8 fr.

DUPUY DE LOME, Membre de l'Institut. — **L'Aérostat à hélice.** Note sur l'aérostat construit pour le compte de l'État. In-4, avec 9 grandes planches gravées sur acier; 1872. 6 fr. 50 c.

DURUTTE (le Comte C.), Compositeur, ancien Élève de l'École Polytechnique. — **Esthétique musicale. Résumé élémentaire de la Technie harmonique et Complément de cette Technie**, suivi de l'*Exposé de la loi de l'enchaînement dans la mélodie, dans l'harmonie et dans leur concours*, et précédé d'une *Lettre de M.* Ch. Gounod, *Membre de l'Institut*. Un beau volume in-8; 1876. 10 fr.

EBELMEN. — Chimie, Céramique, Géologie, Métallurgie Ouvrage revu et corrigé par M. *Salvétat*. 3 forts vol in-8, avec fig. dans le texte (2e tirage); 1861. 15 fr.

ÉCOLE CENTRALE. — Cinquantième Anniversaire de la fondation de l'École Centrale des Arts et Manufactures. *Compte rendu de la fête des 20 et 21 juin 1879*; Grand in-8; 1879. 3 fr.

ENDRÈS (E.), Inspecteur général honoraire des Ponts et Chaussées. — **Manuel du Conducteur des Ponts et Chaussées**, d'après le dernier *Programme officiel des examens*. Ouvrage indispensable aux Conducteurs et Employés secondaires des Ponts et Chaussées et des Compagnies de Chemins de fer, aux Gardes-Mines, aux Gardes et Sous-Officiers de l'Artillerie et du Génie, aux Agents voyers et à tous les Candidats à ces emplois. 6e édition. 3 vol. in-8.

On vend séparément :

Tome Ier, Partie théorique, avec 290 figures dans le texte; et Tome II, Partie pratique, avec 276 figures dans le texte et 4 planches d'instruments dessinés et gravés d'après les meilleurs modèles, 2 vol. in-8; 1880. 18 fr.

Tome III, Applications. Ce dernier volume est consacré à l'exposition des doctrines spéciales qui se rattachent à l'*Art de l'ingénieur* en général et au service des Ponts et Chaussées en particulier. 2e édition. In-8, avec 162 figures dans le texte; 1880. (*Sous presse.*)

ERMEL, Professeur à l'École Centrale des Arts et Manufactures. — **Album des éléments et organes de machines** traités dans le Cours de Constructions de machines à l'École Centrale; suivi de planches relatives aux machines soufflantes, par M. *Jordan*, Professeur du Cours de Métallurgie. Portefeuille oblong, cartonné, contenant 19 planches de texte explicatif et 107 planches de dessins côtés; 1871. 13 fr.

FAA DE BRUNO (le Chevalier Fr.), Docteur ès Sciences, Professeur de Mathématiques à l'Université de Turin. — **Théorie des formes binaires**. Un fort volume in-8; 1876. 16 fr.

FAA DE BRUNO (le chevalier Fr.). — Traité élémentaire du Calcul des Erreurs, avec des Tables stéréotypées. Ouvrage utile à ceux qui cultivent les Sciences d'observation. In-8; 1869. 4 fr.

FAA DE BRUNO (le Chevalier Fr.). — Théorie générale de l'élimination. Grand in-8; 1859. 3 fr. 50 c.

FABRE (C.) — Aide-Mémoire de Photographie pour 1880, 5e année. In-8, avec spécimens.

Prix : Broché. 1 fr. 75 c.
Cartonné. 2 fr. 25 c.

Les volumes des années précédentes de l'*Aide-Mémoire* se vendent aux mêmes prix.

FATON (Le P.). — Traité d'Arithmétique théorique et pratique, en rapport avec les nouveaux *Programmes* d'enseignement, terminé par une petite Table de Logarithmes. Chaque théorie est suivie d'un choix d'Exercices gradués de calcul et d'un grand nombre de Problèmes. 9e édition, revue et corrigée. In-12; 1879. (*Autorisé par décision ministérielle.*) Broché. 2 fr. 75 c.
Cartonné. 3 fr. 20 c.

FATON (Le P.). — Premiers éléments d'Arithmétique. 6e édition. In-12; 1878. Broché. 1 fr. 50 c.
Cartonné. 1 fr. 90 c.

FAURE (H.), Chef d'escadron d'Artillerie. — **Théorie des indices.** In-8; 1878. 5 fr.

FAVARO (Antonio), Professeur à l'Université royale de Padoue. — **Leçons de Statique graphique**, traduites de l'italien par Paul Terrier, Ingénieur des Arts et Manufactures. 3 beaux volumes grand in-8, se vendant séparément :

Ire Partie : *Géométrie de position*; 1879. 7 fr.
IIe Partie : *Calcul graphique* (*Sous presse.*)
IIIe Partie : *Statique graphique*, Théorie et applications. (*Sous presse.*)

FAVRE (P.-A.). — Mémoire sur la transformation et l'équivalence des forces chimiques. In-4; 1875. (Extrait des *Mémoires présentés par divers savants à l'Académie des Sciences*). 8 fr.

FAYE (H.), Membre de l'Institut et du Bureau des Longitudes. — **Cours d'Astronomie nautique.** In-8, avec figures dans le texte; 1880. 10 fr.

FINANCE (Ch.), Professeur au collège de Saint-Dié. — **Arithmétique**, à l'usage des Élèves des Écoles normales primaires, des Collèges, des Lycées et des Pensions, comprenant les matières exigées *pour le brevet d'instituteur et pour l'admission aux Écoles des Arts et Métiers.* Nouvelle édition, revue et augmentée. In-12, 1874. 2 fr. 50 c.

FINANCE (Ch.). — **Arithmétique** à l'usage des écoles primaires, des classes élémentaires des collèges, des lycées et des pensions. 2e édition, revue et augmentée. In-18 cartonné; 1875. 1 fr.

FLAMMARION (Camille), Astronome. — **Catalogue des Étoiles doubles et multiples en mouvement relatif certain**, comprenant *toutes les observations* faites sur chaque couple depuis sa découverte et les *résultats conclus* de l'étude des mouvements. Grand in-8; 1878. 8 fr.

FLAMMARION (Camille). — **Études et Lectures sur l'Astronomie.** In-12 avec fig. et cartes; tomes I à IX; 1867 à 1880.

Chaque volume se vend séparément. 2 fr. 50 c.

FLAMMARION (Camille). — **Le dernier Passage de Vénus.** *Exposé des observations et des résultats obtenus.* In-12, avec 32 figures; 1877. (Tome VIII des *Études et lectures sur l'Astronomie*). 2 fr. 50 c.

FLYE SAINTE-MARIE, Capitaine d'Artillerie. — **Étude analytique sur la théorie des parallèles.** In-8, avec 8 planches; 1871. 5 fr.

FOLIE (F.), Administrateur-Inspecteur de l'Université de Liège. — **Recherches de Géométrie supérieure.** — Évolution. — Synthèse des théorèmes de Pascal et de Brianchon. — Rapport anharmonique et involution du $n^{\text{ième}}$ ordre. In-8; 1878. 1 fr. 50 c.

FOLIE (F.). — **Fondements d'une Géométrie supérieure cartésienne.** In-4, avec planche; 1872. 5 fr.

FOLIE (F.). — **Éléments d'une théorie des faisceaux.** In-8; 1878. 3 fr. 50 c.

FONVIELLE (W. de). — **La Prévision du temps.** In-18 jésus; 1878. 1 fr. 50 c.

FOUCAULT (Léon), Membre de l'Institut. — **Recueil des travaux scientifiques de Léon Foucault**, publié par Mme Ve Foucault, sa mère, mis en ordre par M. Gariel, Ingénieur des Ponts et Chaussées, Professeur agrégé de Physique à la Faculté de Médecine de Paris, et précédé d'une Notice sur les Œuvres de L. Foucault, par M. J. Bertrand, Secrétaire perpétuel de l'Académie des Sciences. Un beau volume in-4, avec un Atlas de même format contenant 19 planches sur cuivre; 1878. 30 fr.

FOURNIER (F.-E.), lieutenant de vaisseau. — **Détermination immédiate de la déviation du compas par la nouvelle méthode des compas conjugués.** Grand in-8, avec figures; 1878. 3 fr.

FRANCŒUR (L.-B.). — **Uranographie ou Traité élémentaire d'Astronomie**, à l'usage des personnes peu versées dans les Mathématiques, des Géographes, des Marins, des Ingénieurs, accompagné de planisphères. 6ᵉ édit. 1 vol. in-8, avec pl.; 1853. 10 fr.

FRANCŒUR (L.-B.). — **Traité de Géodésie**, comprenant la Topographie, l'Arpentage, le Nivellement, la Géomorphie terrestre et astronomique, la Construction des Cartes, la Navigation; augmenté de **Notes sur la mesure des bases**, par M. *Hossard*, et d'une **Note sur la méthode et les instruments d'observation employés dans les grandes opérations géodésiques ayant pour but la mesure des arcs de méridien et de parallèle terrestres**, par M. *Perrier*, Chef d'escadron d'État-Major, Membre du Bureau des Longitudes. 6ᵉ édition. In-8, avec figures dans le texte et 11 planches; 1878. 12 fr.

FRENET (F.). — **Recueil d'Exercices sur le Calcul infinitésimal.** Ouvrage destiné aux Candidats à l'École Polytechnique et à l'École Normale, aux Élèves de ces Écoles et aux personnes qui se préparent à la licence ès Sciences mathématiques. 3ᵉ édition. In-8, avec figures dans le texte; 1873. 7 fr. 50 c.

FREYCINET (Charles de). — **De l'Analyse infinitésimale. Étude sur la métaphysique du haut calcul.** In-8, avec fig.; 1860. 6 fr.

FREYCINET (Charles de), — Chef de l'exploitation des chemins de fer du Midi. — **Des Pentes économiques en Chemins de Fer. Recherches sur les dépenses des rampes.** In-8; 1861. 6 fr.

GÉRARDIN (H.), Ingénieur en chef des Ponts et Chaussées. — **Théorie des moteurs hydrauliques.** Application et travaux exécutés pour l'alimentation du canal de l'Aisne à la Marne par les machines. In-8, avec Atlas in-folio raisin de 25 planches; 1873. 20 fr.

GILBERT (Ph.), professeur à l'Université catholique de Louvain. — **Cours de Mécanique analytique.** *Partie élémentaire.* Grand in-8, avec figures dans le texte; 1877. 9 fr. 50 c.

GILBERT (Ph.). — **Cours d'Analyse infinitésimale.** Partie élémentaire. 2ᵉ édition. Grand in-8; 1878. 9 fr. 50 c.

GINOT-DESROIS (Mˡˡᵉ). — **Planisphère mobile**, au moyen duquel on peut apprendre l'Astronomie seul et sans le secours des Mathématiques. 7ᵉ éd., 1847; sur carton. 4 fr.

GINOT-DESROIS (Mˡˡᵉ). — **Planisphère astronomique ou Calendrier astronomique perpétuel**, donnant le quantième des mois, les jours de la semaine, les phases de la Lune, la place du Soleil dans l'écliptique pour un jour donné, le lever, le passage au méridien, le coucher de ces astres et des étoiles, ainsi que les principales éclipses de Soleil visibles à Paris depuis 1858 jusqu'en 1874, dans l'ordre de leur grandeur et dimension. 2e éd., 1861; sur carton, avec une brochure in-8 donnant la description et les usages du Calendrier perpétuel. 5 fr.

GIRARD (L.-D.), Ingénieur civil. — **Hydraulique.** Utilisation de la force vive de l'eau appliquée à l'industrie. — Critique de la théorie connue et exposé d'une théorie nouvelle. In-4, avec Atlas de 13 planches; 1863. 8 fr.

GIRARD (L.-D.). — **Chemin de fer glissant, nouveau système de locomotion à propulsion hydraulique.** In-4, avec Atlas de 6 planches in-plano; 1864. 8 fr.

GIRARD (L.-D.). Élévation d'eau pour l'alimentation des villes et distribution de force à domicile.

N° 1. Grand in-4, avec 2 planches et figures dans le texte; 1868. 3 fr.

N° 2. Grand in-4, avec 2 planches et Atlas de 6 planches in-plano; 1869. 6 fr.

Le prospectus détaillé des Ouvrages de L.-D. Girard *est envoyé aux personnes qui en font la demande par lettre affranchie.* (La librairie Gauthier-Villars vient d'acquérir la propriété de tous les ouvrages de M. L.-D. Girard, et en a diminué les prix de vente.)

GRAINDORGE, Répétiteur à l'École des Mines de Liège. — **Mémoire sur l'intégration des équations de la Mécanique.** In-8; Bruxelles. 4 fr.

GRANDEAU (L.) et TROOST (L.). — **Traité pratique d'analyse chimique**, par **F. WŒHLER**, Associé étranger de l'Institut de France. **Édition française**, publiée avec le concours de l'Auteur. 1 volume in-18 jésus, avec 76 figures dans le texte et une planche; 1866. 4 fr. 50 c.

HABICH, Directeur de l'École des Constructions civiles et des Mines, à Lima. — **Études cinématiques.** In-8, avec figures dans le texte; 1879. 4 fr.

HALLAUER (O.). — **Moteurs à vapeur.** Expériences sur le rendement des machines à vapeur, dirigées par M. G.-A. Hirn et exécutées en 1873 et 1875 par MM. Dwelshauvers-Dery, W. Grosseteste et O. Hallauer. Grand in-8, avec 3 planches; 1877. 2 fr. 50 c.

HALLAUER (O.). — **Expériences sur le rendement des moteurs à vapeur**, faites sur les machines Woolf verticales à balancier, sur les machines Woolf horizontales et sur les machines verticales Compound de la Marine française. Grand in-8, avec 4 planches; 1878. 3 fr.

HALLAUER (O.). — **Étude expérimentale comparée sur les moteurs à un et à deux cylindres.** *Influence de la détente.* Grand in-8; 1879. 2 fr. 50 c.

1.....

HALPHEN, Répétiteur à l'École Polytechnique. — **Sur les invariants différentiels.** In-4; 1878. 3 fr.

HATON DE LA GOUPILLIÈRE (J.-N.). — **Traité des Mécanismes**, renfermant la théorie géométrique des organes et celle des résistances passives. In-8, avec 16 pl. gravées sur cuivre; 1864. 10 fr.

HERMITE (Ch.), Membre de l'Institut. — **Cours d'Analyse de l'École Polytechnique.** PREMIÈRE PARTIE, contenant le *Calcul différentiel* et les *Premiers principes du Calcul intégral*. Un fort volume in-8, avec figures dans le texte; 1873. 14 fr.

La SECONDE PARTIE *contiendra la fin du Calcul intégral.*

HERMITE (Ch.). — **Équations différentielles linéaires.** Grand in-8; 1879. (Extrait du *Bulletin des Sciences mathématiques et astronomiques.*) 75 c.

HIRN (G.-A.), Correspondant de l'Institut. — **Théorie mécanique de la Chaleur.** Première Partie et seconde Partie.

PREMIÈRE PARTIE. — **Exposition analytique et expérimentale de la Théorie mécanique de la Chaleur.** 3e édition, entièrement refondue. In-8, grand raisin, avec figures dans le texte. Tome I; 1875. 12 fr.

Tome II; 1876. 12 fr.

SECONDE PARTIE (formant Ouvrage séparé). — **Conséquences philosophiques et métaphysiques de la Thermodynamique.** Analyse élémentaire de l'Univers In-8, grand raisin; 1868. 10 fr.

HIRN (G.-A.). — **Mémoire sur la Thermodynamique.** In-8, avec 2 planches; 1867. 5 fr.

HIRN (G.-A.). — **Note sur les variations de la capacité calorifique de l'eau, vers le maximum de densité.** In-4; 1870. 1 fr.

HIRN (G.-A.). — **Mémoire sur les conditions d'équilibre et sur la nature probable des anneaux de Saturne.** In-4, avec planches; 1872. 4 fr.

HIRN (G.-A.). — **Le Monde de Saturne**, ses conditions d'existence et de durée, suivi d'une *Note* relative à l'expérience du pendule de Foucault. Lecture faite à la Société d'Histoire naturelle de Colmar. In-8, avec planch.; 1872. 1 fr. 50 c.

HIRN (G.-A.). — **Mémoire sur les propriétés optiques de la flamme des corps en combustion et sur la température du Soleil.** In-8; 1873. 1 fr. 25 c.

HIRN (G.-A.). — **Théorie analytique élémentaire du Planimètre Amsler.** Grand in-8, avec planches; 1875. 2 fr. 50 c.

HIRN (G.-A.). — **La Musique et l'Acoustique.** *Aperçu général sur leur rapport et sur leurs dissemblances* (Extrait de la *Revue d'Alsace*). Grand in-8; 1878. 2 fr. 50 c.

HIRN (G.-A.). — **Étude sur une classe particulière de tourbillons**, qui se manifestent, sous de certaines conditions spéciales, *dans les liquides.* **Analogie entre le mécanisme de ces tourbillons et celui des trombes.** In-8, avec 3 planches; 1878. 2 fr. 50 c.

HIRN (G.-A.). — **Réflexions critiques sur les expériences concernant la chaleur humaine.** In-4; 1879. 75 c.

HIRN (G.-A.). — **Notice sur la mesure des quantités d'électricité.** In-4; 1879. 60 c.

HOMMEY, Capitaine de frégate en retraite. — **Tables d'angles horaires.** 2 volumes grand in-8 en tableaux. 15 fr.

HOÜEL (J.), Professeur de Mathématiques à la Faculté des Sciences de Bordeaux. — **Cours de Calcul infinitésimal.** Quatre beaux volumes grand in-8, avec figures dans le texte; 1878-1879-1880.

On vend séparément :

Tome I..........	15 fr.
Tome II...	15 fr.
Tome III.......................	10 fr.
Tome IV	(*Sous presse.*)

HOÜEL (J.). — **Tables de Logarithmes à cinq décimales**, pour les nombres et les lignes trigonométriques, suivies des **Logarithmes d'addition et de soustraction ou Logarithmes de Gauss** et de **diverses Tables usuelles.** Nouvelle édition, revue et augmentée. Grand in-8; 1879. (*Autorisé par décision ministérielle.*) 2 fr.

HOÜEL (J.). — **Recueil de formules et de Tables numériques.** 2ᵉ édit., grand in-8; 1868. 4 fr. 50 c.

HOÜEL (J.). — **Essai critique sur les principes fondamentaux de la Géométrie élémentaire ou Commentaire sur les XXXII premières propositions des Éléments d'Euclide.** In-8, avec figures; 1867. 2 fr. 50 c.

HOÜEL (J.). — **Théorie élémentaire des quantités complexes.** Grand in-8, avec figures dans le texte.

Iʳᵉ PARTIE : *Algèbre des quantités complexes* ; 1867. (*Rare.*)

IIᵉ PARTIE : *Théorie des fonctions uniformes* ; 1868. (*Rare.*)

IIIᵉ PARTIE : *Théorie des fonctions multiformes* ; 1871. 3 fr.

IVᵉ PARTIE : *Théorie des Quaternions*; 1874. 8 fr.

La Iʳᵉ PARTIE se trouve encore dans le tome V (prix : 10 fr. 50 c.) et la IIᵉ PARTIE dans le tome VI (prix : 11 fr.) des *Mémoires de la Société des Sciences physiques et naturelles de Bordeaux.* (*Voir* le CATALOGUE GÉNÉRAL.)

HOÜEL (J.). — **Sur le développement de la fonction perturbatrice, suivant la forme adoptée par Hansen dans la théorie des petites planètes.** In-8; 1875. 3 fr.

IMBARD. — De la Mesure du Temps, et Description de la Méridienne verticale portative du Temps vrai et du Temps moyen pour régler les pendules et les montres, etc. 2e édition. In-18, avec pl.; 1857. 1 fr.

INSTITUT DE FRANCE. — Comptes rendus hebdomadaires des Séances de l'Académie des Sciences.

Ces **Comptes rendus** paraissent régulièrement tous les dimanches, en un cahier de 32 à 40 pages, quelquefois de 80 à 120. L'abonnement est annuel, et part du 1er janvier.

PRIX de *l'abonnement pour un an :*

Pour Paris. 20 fr. || Pour les départements. 30.
Pour l'Union postale. 34 fr.

La collection complète, de 1835 à 1879, forme 89 volumes in-4. 667 fr. 50

Chaque année, sauf 1844, 1845, 1874 et 1875, se vend séparément. 15 fr.

— **Table générale des Comptes rendus des Séances de l'Académie des Sciences,** par ordre de matières et par ordre alphabétique de noms d'auteurs.

Tables des tomes 1 à 31 (1835-1850). In-4, 1853. 15 fr.
Tables des tomes 32 à 61 (1851-1865). In-4, 1870. 15 fr.

— **Supplément aux Comptes rendus des Séances de l'Académie des Sciences.**

Tomes I et II, 1856 et 1861, séparément. 15 fr.

INSTITUT DE FRANCE. — Mémoires présentés par divers savants à l'Académie des Sciences, et imprimés par son ordre, 2e série. In-4; tomes I à XXVI, 1827-1879.

Chaque volume se vend séparément. 15 fr.

— **Mémoires de l'Académie des Sciences.** In-4; tomes I à XLI; 1816 à 1879.

Chaque Volume, à l'exception des Tomes ci-après indiqués, se vend séparément. 15 fr.
Le Tome XXXIII, avec Atlas, se vend séparément. 25 fr.
Les Tomes VI et XXI ne se vendent pas séparément.

La librairie Gauthier-Villars, qui depuis le 1er janvier 1877 a seule le dépôt des *Mémoires* publiés par l'Académie des Sciences, envoie franco sur demande la Table générale des matières contenues dans ces *Mémoires.*

INSTITUT DE FRANCE. — Recueil de Mémoires, Rapports et Documents relatifs à l'observation du passage de Vénus sur le Soleil.

Tome I. — 1re PARTIE. *Procès-verbaux des séances tenues par la Commission.* In-4; 1877. 12 fr. 50 c.

— 2e PARTIE, avec SUPPLÉMENT. *Mémoires.* In-4, avec 7 pl., dont 3 en chromolithographie; 1876. 12 fr. 50 c.

Tome II. — 1re PARTIE. *Mission de Pékin.* — *Mission de Saint-Paul* (Astronomie). In-4, avec 26 planches, dont 13 chromolith. et 2 photoglyphies; 1878. 25 fr.

— 2e PARTIE. *Mission de Saint-Paul* (Météorologie, Géologie, etc.). — *Mission du Japon* (Rapports de MM. Tisserand et Picard). — *Mission de Saïgon.* In-4. (*Sous pr.*).

Tome III. — 1re Partie. *Mission de l'île Campbell.* — *Mission de Nouméa.* In-4. (*Sous presse.*)

— 2e Partie. *Mesures des plaques photographiques.* (*Sous presse.*)

INSTITUT DE FRANCE. — **Mémoires relatifs à la nouvelle maladie de la vigne,** présentés par divers savants à l'Académie des Sciences. (*Voir*, pour le détail de ces *Mémoires*, le Catalogue général, ou le Prospectus spécial qui est envoyé sur demande.)

INSTRUCTION sur les paratonnerres. *Voir* Pouillet et Gay-Lussac.

JAMIN (J.), Membre de l'Institut, Professeur de Physique à l'École Polytechnique, et **BOUTY,** professeur au Lycée Saint-Louis. — **Cours de Physique de l'École Polytechnique.** 3e édition, augmentée et entièrement refondue. 4 forts volumes in-8, avec 1200 figures environ dans le texte et 10 planches sur acier; 1879-1880. (*Autorisé par décision ministérielle.*)

On vend séparément :

Tome I.

1er fascicule. — *Instruments de mesure. Hydrostatique* (Cours de Mathématiques spéciales). (*Sous presse.*)
2e fascicule. — *Actions moléculaires.* (*Sous presse.*)
3e fascicule. — *Électricité statique.* (*Sous presse.*)

Tome II. — Chaleur.

1er fascicule. — *Thermométrie. Dilatations* (Cours de Mathématiques spéciales). 5 fr.
2e fascicule. — *Calorimétrie. Théorie mécanique de la chaleur. Conductibilité.* 7 fr.

Tome III. — Acoustique; Optique.

1er fascicule. — *Acoustique.* 4 fr.
2e fascicule. — *Optique géométique* (Cours de Mathématiques spéciales). 4 fr.
3e fascicule. — *Etude des radiations lumineuses, chimiques et calorifiques. Optique physique.* (*Sous pr.*)

Tome IV. — Electricité dynamique; Magnétisme.

1er fascicule. — *Électricité dynamique.* (*Sous presse.*)
2e fascicule. — *Magnétisme.* (*Sous presse.*)

Les élèves des Lycées trouveront, comme précédemment dans le *Tome I* et dans l'*Appendice au Tome I* qui leur était particulièrement destiné, tout ce qui est indispensable pour leur Cours de Mathématiques spéciales. (*Voir* ci-après l'annonce de l'Appendice.)

Les élèves plus avancés qui désireront avoir toutes les matières du Cours, traitées avec des développements très-complets, devront prendre le *Tome I* et les 2 Fascicules ci-dessus indiqués (1er Fascicule du Tome II et 2e Fascicule du Tome III) qui sont disposés de manière à être réunis en volume et à former le second Tome de leur Cours.

JAMIN. — **Appendice au Tome Ier du Cours de Physique de l'École Polytechnique :** *Thermométrie, Dilatation, Optique géométrique, Problèmes et Solutions;*

rédigé conformément au nouveau programme d'admission à l'École Polytechnique. In-8 de VIII-214 pages, avec 132 belles figures dans le texte; 1875. 3 fr. 50 c.

Le Tome Ier du *Cours de Physique de l'École Polytechnique* de M. Jamin et l'*Appendice* à ce Tome Ier comprennent l'exposition des matières exigées pour l'admission à l'École Polytechnique. Les Élèves de Mathématiques spéciales qui suivront ce *Cours* (Tome Ier et Appendice) auront ainsi entre les mains le premier volume d'un grand Traité de Physique qu'ils pourront compléter ultérieurement, si, poursuivant l'étude de cette science, ils se préparent à la licence ou entrent dans une des grandes Écoles du Gouvernement.

JAMIN (J.). — Petit Traité de Physique, à l'usage des Établissements d'Instruction, des aspirants aux Baccalauréats et des candidats aux Écoles du Gouvernement. In-8, avec 686 figures dans le texte; 1870. 8 fr.

Ce Livre élémentaire est conçu dans un esprit nouveau. Dès les premiers mots, l'Auteur démontre que la chaleur est un mouvement moléculaire, et cette idée guide ensuite le lecteur dans toutes les expériences et les explique. La Terre et les aimants n'étant que des solénoïdes, on fait dépendre le magnétisme de l'électricité. L'Acoustique montre dans leurs détails les vibrations longitudinales, transversales, circulaires et elliptiques, elle prépare à l'Optique. Cette dernière partie enfin est l'étude des vibrations de toute sorte qui se produisent dans l'éther; les interférences et la polarisation sont expliquées de la manière la plus élémentaire, et la Théorie vibratoire est rendue accessible à tous. L'auteur espère que les modifications qu'il propose dans l'enseignement de la Physique seront approuvées par ses collègues, et qu'elles seront profitables aux élèves en les délivrant de ce que les savants ont abandonné, en élevant leur esprit jusqu'à de plus hautes conceptions, en leur montrant l'ensemble philosophique d'une science déjà très avancée, et qui semble toucher à son terme.

JONQUIÈRES (E. de), Lieutenant de vaisseau. — **Mélanges de Géométrie pure.** In-8, avec planches; 1856. 5 fr.

JORDAN (Camille), Ingénieur des Mines. — **Traité des Substitutions et des Équations algébriques.** In-4; 1870. 30 fr.

JOUBERT (le P.), Professeur à l'École Sainte-Geneviève. — **Sur les équations qui se rencontrent dans la théorie de la transformation des fonctions elliptiques.** In-4; 1876. 5 fr.

JOURNAL DE L'ÉCOLE POLYTECHNIQUE, publié par le Conseil d'instruction de cet Établissement. 45 Cahiers formant 27 volumes in-4, avec figures et planches. 700 fr.

Le XLVe Cahier, qui a paru récemment, se vend 12 fr.

Le XLVIe Cahier paraîtra à la fin de janvier 1880.

JOURNAL DE MATHÉMATIQUES PURES ET APPLIQUÉES, ou Recueil mensuel de Mémoires sur les diverses parties des Mathématiques, fondé en 1836 et publié jusqu'en 1874 par M. *J. Liouville*. — A partir de 1875, le *Journal de Mathématiques* est publié par M. *H. Resal*, Membre de l'Institut, avec la collaboration de plusieurs savants.

La 3e Série, commencée en 1875, continue de paraître chaque mois par cahier de 32 à 48 pages. L'abonnement est annuel, et part du 1er janvier.

1re Série, 20 volumes in-4, années 1836 à 1855 (au lieu de 600 francs). 400 fr.

Chaque volume pris séparément, au lieu de 30 fr., 25 fr.

2e Série, 19 volumes in-4, année 1856 à 1874 (au lieu de 570 fr.) 380 fr.

Chaque volume pris séparément, au lieu de 30 fr., 25 fr.

Prix de l'abonnement pour un an :

Paris.................................... 30 fr.
Départements et Union postale............ 35 fr.
Autres pays.............................. 40 fr.

— **Table générale des 20 volumes composant la 1re Série.** In-4. 3 fr. 50 c.

— **Table générale des 15 premiers volumes de la 2e Série.** In-4. 3 fr. 50 c.

JULIEN (Stanislas), Membre de l'Institut. — **Histoire et Fabrication de la Porcelaine chinoise.** Ouvrage traduit du chinois, accompagné de Notes et Additions par M. *Salvétat*, et augmenté d'un **Mémoire sur la Porcelaine du Japon.** Grand in-8, avec 14 pl., figures gravées sur bois, et une carte de la Chine; 1856. 6 fr.

JULLIEN (A.), Licencié ès Sciences mathématiques et physiques. — **Méthode nouvelle pour l'enseignement de la Géométrie descriptive (Perspective et Reliefs).** La Méthode se compose d'un Cours élémentaire et d'une Collection de Reliefs, qui se vendent séparément, savoir :

Cours élémentaire de Géométrie descriptive, conforme au programme du Baccalauréat ès Sciences. In-18 jésus avec figures et 143 planches intercalées dans le texe ; 1878. Cartonné. 3 fr. 50 c.

Collection de Reliefs à pièces mobiles se rapportant aux questions principales du Cours élémentaires :

Petite boîte, comprenant 30 reliefs, avec 118 pièces métalliques pour monter les reliefs. (*Port non compris.*) 10 fr.

Grande boîte, comprenant les mêmes reliefs tout montés. (*Port non compris.*) 15 fr.

KIAËS, Chef des travaux graphiques à l'École Polytechnique et ancien Élève de cette École. — **Arithmétique élémentaire**, approuvée par le Ministre de la Guerre pour l'enseignement des caporaux et sapeurs dans les Écoles régim. du Génie. In-12 cart. 2e édition.; 1874. 1 fr. 20 c.

KIAËS. — **Traité d'Arithmétique**, approuvé par le Ministre de la Guerre pour l'enseignement des sous-officiers dans les Écoles régim. du Génie. In-12 ; 1867. 2 fr. 75 c.
Cartonné. 3 fr. 20 c.

KRETZ (X.), Ingénieur en chef des manufactures de l'État. — **De l'élasticité dans les machines en mouvement.** (Extrait du tome XXII des *Mémoires présentés par divers savants à l'Académie des Sciences.*) In-4 ; 1875. 2 fr.

LABOSNE. — **Instruction sur la Règle à calcul**, contenant les applications de cet instrument au calcul des expressions numériques, à la résolution des équations du deuxième et du troisième degré, et aux principales questions de Trigonométrie. In-8; 1872. 2 fr.

LACOMBE. — **Nouveau manuel de l'escompteur, du banquier, du capitaliste et du financier, ou Nouvelles Tables de calculs d'intérêts simples, avec le calendrier de l'escompteur.** Nouvelle édition, précédée d'une *Instruction sur les Calculs d'intérêts et l'usage des Tables*, par M. Laas d'Aguen, éditeur des Tables de Violeine, et terminée par un Exposé des lois sur les intérêts, les rentes, les effets de commerce, les chèques, etc., par M. B., Docteur en Droit. Un fort vol. in-18 jésus; 1877. 6 fr.

LACROIX. — **Traité élémentaire d'Arithmétique,** 22e édition. In-8; 1848. 2 fr.

LACROIX. — **Éléments de Géométrie,** suivis de *Notions sur les courbes usuelles*. 21e édition, revue par M. *Prouhet*. In-8, avec 220 figures dans le texte; 1880. (*Autorisé par décision ministérielle.*) 4 fr.

LACROIX. — **Éléments d'Algèbre.** 24e édit., revue par M. *Prouhet*. In-8; 1879. 6 fr.

LACROIX. — **Complément des Éléments d'Algèbre.** 7e édition. In-8; 1863. 4 fr.

LACROIX. — **Traité élémentaire de Trigonométrie rectiligne et sphérique, et d'Application de l'Algèbre à la Géométrie.** In-8; avec planches; 1863. 11e édition, revue et corrigée. 4 fr.

LACROIX. — **Introduction à la connaissance de la sphère.** 4e édition. In-18; avec planches; 1872. *Ouvrage choisi par S. Exc. le Ministre de l'Instruction publique pour les Bibliothèques scolaires.* 1 fr. 25 c.

LACROIX. — **Traité élémentaire de Calcul différentiel et de Calcul intégral.** 8e édition, revue et augmentée de Notes par MM. *Hermite* et *J.-A. Serret*, Membres de l'Institut. 2 vol. in-8 avec pl.; 1874. 15 fr.

LACROIX. — **Traité élémentaire du Calcul des Probabilités.** 4e édition. In-8, avec planches; 1864. 5 fr.

LACROIX. — **Introduction à la Géographie mathématique et critique et à la Géographie physique.** In-8, avec planches; 1847. 7 fr.

LA GOURNERIE (de). — **Traité de Géométrie descriptive.** In-4, publié en trois *Parties* avec Atlas; 1873-1880-1864. 30 fr.

Chaque Partie se vend séparément. 10 fr.

La Ire Partie (2e édition) contient tout ce qui est exigé pour l'*admission à l'École Polytechnique*.

Les IIe et IIIe Parties sont le développement du *Cours de Géométrie descriptive* professé à *l'École Polytechnique*.

LA GOURNERIE (de). — **Traité de Perspective linéaire.**

In-4, avec Atlas de 45 planches in-folio dont 8 doubles; 1859. 40 fr.

LA GOURNERIE (de). — **Recherches sur les surfaces réglées tétraédrales symétriques,** avec des Notes par *Arthur Cayley*. In-8; 1867. 6 fr.

LAGRANGE. — **Mécanique analytique.** 3e édition, revue, corrigée et annotée par M. *J. Bertrand*. 2 vol. in-4; 1855. (*Rare.*)

LAGRANGE. — Œuvres publiées par les soins de M. *Serret*, Membre de l'Institut, sous les auspices du Ministre de l'Instruction publique. Tomes I à VII; 1867-1877. Chaque volume se vend séparément. 30 fr.

Les Tomes I à VII forment la 1re Série des *Œuvres de Lagrange*, et comprennent tous les Mémoires publiés séparément.

La IIe Série, qui est sous presse, se composera de 6 volumes, qui renfermeront les Ouvrages didactiques, la Correspondance et les Mémoires inédits, savoir :

Tome VIII : *Résolution des équations numériques*. In-4; 1879. 18 fr.
Tome IX : *Théorie des fonctions analytiques*. (*Sous presse.*)
Tome X : *Leçons sur le calcul des fonctions*. (*id.*)
Tome XI : *Mécanique analytique* (1re PARTIE). (*id.*)
Tome XII : *Mécanique analytique* (2e PARTIE). (*id.*)
Tome XIII : *Correspondance et Mémoires inédits*. (*id.*)

LAISANT, ancien élève de l'École Polytechnique. — **Applications mécaniques du Calcul des quaternions. — Sur un nouveau mode de transformation des courbes et des surfaces** (Thèses). In-4; 1877. 5 fr.

LALANDE. — **Tables de Logarithmes pour les Nombres et les Sinus à CINQ DÉCIMALES;** revues par le baron *Reynaud*. Nouvelle édition augmentée de *Formules pour la Résolution des Triangles*, par M. *Bailleul*, typographe. In-18; 1880. (*Autorisé par décision du Ministre de l'Instruction publique.*) 2 fr.

Cartonné. 2 fr. 40 c.

LALANDE. — **Tables de Logarithmes,** étendues à **SEPT DÉCIMALES,** par *F.-C.-M. Marie*, précédées d'une Instruction par le baron *Reynaud*. Nouvelle édition, augmentée de *Formules pour la Résolution des Triangles*, par M. *Bailleul*, typographe. In-12; 1879. 3 fr. 50 c.

Cartonné. 3 fr. 90 c.

LAMÉ (G.), Membre de l'Institut. — **Leçons sur les fonctions inverses des transcendantes et les Surfaces isothermes.** In-8, avec figures dans le texte; 1857. 5 fr.

LAMÉ (G.). — **Leçons sur les Coordonnées curvilignes et leurs diverses applications.** In-8, avec figures dans le texte, 1859. 5 fr.

LAPLACE. — **Œuvres complètes de Laplace,** publiées sous les auspices de l'Académie des Sciences par MM. les

Secrétaires perpétuels, avec le concours de M. *Puiseux*, Membre de l'Institut, et de M. *J. Hoüel*, professeur à la Faculté des Sciences de Bordeaux. Nouvelle édition, avec un beau portrait de Laplace, gravé sur cuivre par *Tony Goutière*. In-4; 1878-188 .

Extrait de l'Avertissement.

« L'Académie, sur le Rapport de la Section d'Astronomie et de la Commission administrative, après avoir pris connaissance des conditions dans lesquelles devait s'accomplir le travail et des soins dont il était entouré, a décidé, dans sa séance du 16 juillet 1877, que la nouvelle édition serait publiée sous ses auspices et sous sa responsabilité. »

Les éditions précédentes, qui sont devenues très rares, ne contenaient que 7 volumes, savoir : *Traité de Mécanique céleste* (5 volumes), *Exposition du système du Monde* et *Théorie analytique des probabilités*. La nouvelle édition comprendra de plus 6 volumes renfermant tous les autres Mémoires de Laplace, dont la dissémination dans de nombreux Recueils académiques et périodiques rendait jusqu'à ce jour l'étude si difficile.

SOUSCRIPTION AUX 5 VOLUMES DE LA *Mécanique céleste*.
(Envoi franco dans toute l'Union postale.)

Le tirage est fait sur trois papiers différents : 1° sur papier vergé semblable à celui des OEuvres de Fresnel, de Lavoisier et de Lagrange; 2° sur papier vergé fort, au chiffre de Laplace; 3° sur papier de Hollande, au chiffre de Laplace (à petit nombre).

Le prix pour les 300 *premiers souscripteurs aux* 5 *volumes du* TRAITÉ DE MÉCANIQUE CÉLESTE *est fixé ainsi qu'il suit :* (prix à solder en souscrivant).

1° Tirage sur papier vergé; 5 volumes in-4. 80 fr.
2° Tirage sur papier vergé fort, au chiffre de Laplace; 5 vol. in-4. 90 fr.
3° Tirage sur papier de Hollande, au chiffre de Laplace (à petit nombre); 5 vol. in-4. 120 fr.

Le prix de chaque volume du TRAITÉ DE MÉCANIQUE CÉLESTE, *acheté séparément, est fixé ainsi qu'il suit :*

1° Tirage sur papier vergé ; chaque volume in-4. 20 fr.
2° Tirage sur papier vergé fort, aux armes de Laplace ; chaque volume in-4. 22 fr. 50 c.

Les volumes tirés sur papier de Hollande ne se vendent pas séparément.

Les Tomes I, II, III et IV sont en distribution; le Tome V est sous presse.

LAPLACE. — Essai philosophique sur les Probabilités. 6e édition. In-8; 1840. 5 fr.

LAPLACE. — Précis de l'Histoire de l'Astronomie. 2e édition. In-8; 1863. 3 fr.

LAUGEL (Aug.), ancien Élève de l'École Polytechnique. — **Science et Philosophie.** In-18 jésus; 1863. 3 fr. 50 c.

LAURENT (A.), Correspondant de l'Institut. — **Méthode de Chimie**, précédée d'un *Avis au Lecteur*, par *Biot*. In-8, avec figures; 1854. 8 fr.

LAURENT (H.), Répétiteur à l'École Polytechnique. — **Traité d'Algèbre**, à l'usage des Candidats aux Écoles du Gouvernement. 3e édition, evue et mise en harmonie, avec les derniers Programmes. 3 vol. in-8; 1879-1880.

Ire Partie, à l'usage des *Classes de Mathématiques élémentaires*. In-8. 4 fr.

IIe Partie, à l'usage des *Classes de Mathématiques spéciales*. 2 vol. in-8. (*Sous presse*.)

LAURENT (H.). — **Théorie élémentaire des Fonctions elliptiques**. In-8, avec fig. dans le texte; 1880. 3 fr. 50 c.

LAURENT (H.). — **Traité de Mécanique rationnelle** à l'usage des Candidats à l'Agrégation et à la Licence. 2e édit. 2 vol. in-8 avec figures; 1878. 12 fr.

LAURENT (H.). — **Traité du Calcul des Probabilités**. In-8; 1873. 7 fr. 50 c.

LAURENT (H.), Officier du Génie, ancien Élève de l'École Polytechn. — **Théorie des Résidus**. In-8; 1866. 4 fr.

LEBESGUE. — **Exercices d'Analyse numérique**, relatifs à l'*Analyse indéterminée* et à la *Théorie des nombres*. In-8; 1859. 2 fr. 50 c.

LE COINTE (I.-L.-A.). — **Solutions développées de 300 Problèmes** qui ont été proposés dans les compositions mathématiques pour l'admission au grade de Bachelier ès Sciences dans diverses Facultés de France. In-8, avec figures dans le texte; 1865. 6 fr.

LECOQ DE BOISBAUDRAN. — **Spectres lumineux**, Spectres prismatiques et en longueurs d'onde, destinés aux recherches de Chimie minérale. Grand in-8, avec atlas contenant 29 belles planches gravées sur acier; 1874. 20 fr.

LEFÈVRE. — **Abrégé du nouveau traité de l'Arpentage, ou Guide pratique et mémoratif de l'Arpenteur**, particulièrement destiné aux personnes qui n'ont point étudié la Géométrie. Gros volume in-12; avec 18 pl., dont une coloriée. 7 fr.

LEFORT (F.), Inspecteur général des Ponts et Chaussées. — **Sur les bases des calculs de stabilité des ponts à tabliers métalliques**. Ouvrage approuvé par l'Académie des Sciences et honoré d'une souscription du Ministre des Travaux publics. In-4, avec 4 grandes planches; 1876. 4 fr.

LEFORT (F.). — **Tables des surfaces de déblai et de remblai, des largeurs d'emprise et des longueurs des talus**, relatives à un chemin de fer à deux voies ou à une *Route de* 10 *mètres* de largeur entre fossés, pour des cotes sur l'axe de 0^m à 15^m et pour des déclivités sur le profil transversal de 0^m à $0^m,25$. Gr. in-8 sur jés.; 1861. 3 fr.

Mêmes Tables relatives à une *Route de* 8 *mètres*. Grand in-8 sur jésus; 1863. 3 fr.

Mêmes Tables relatives à un chemin de fer à une voie ou à une *Route de* 6 *mètres*, etc. Grand in-8 sur jésus; 1862. 3 fr.

LEMONNIER, Docteur ès sciences, Professeur au Lycée Henri IV. — **Mémoire sur l'élimination.** In-4, 1879. 6 fr.

LEONELLI. — **Supplément logarithmique,** précédé d'une Notice sur l'Auteur, par M. *J. Houël*, Professeur de Mathématiques pures à la Faculté des Sciences de Bordeaux. 2ᵉ édition. In-8; 1876. 4 fr.

LEPRIEUR, Trésorier de l'École Polytechnique. — **Répertoire de l'École Polytechnique de 1855 à 1865,** faisant suite au *Répertoire* publié par M. *Marielle*. In-8; 1867. 3 fr.

LEROY (C.-F.-A.), ancien Professeur à l'École Polytechnique et à l'École Normale supérieure. — **Traité de Stéréotomie,** comprenant les **Applications de la Géométrie descriptive à la Théorie des Ombres, la Perspective linéaire, la Gnomonique, la Coupe des Pierres et la Charpente.** 7ᵉ édition, revue et annotée par M. *E. Martelet*, ancien élève de l'École Polytechnique, professeur de Géométrie descriptive à l'École centrale des Arts et Manufactures. In-4, avec Atlas de 74 pl. in-folio; 1877. 26 fr.

LEROY (C.-F.-A.). — **Traité de Géométrie descriptive.** 10ᵉ édition, revue et annotée par M. *Martelet*. In-4, avec Atlas de 71 planches; 1877. 16 fr.

LEVY (Maurice), Ingénieur des Ponts et Chaussées, Docteur ès Sciences. — **La Statique graphique** et ses *Applications aux Constructions*. Un beau volume grand in-8, avec un Atlas même format, comprenant 14 planches doubles; 1874. 16 fr. 50 c.

LE TELLIER (le Dʳ). — **Nouveau système de Sténographie.** In-8 raisin, avec 37 pl.; 1869. 2 fr. 50 c.

LIAGRE (J.-B.-J.), Lieutenant-Général, Secrétaire perpétuel de l'Académie Royale de Belgique. — **Calcul des probabilités et Théorie des erreurs,** avec des applications aux Sciences d'observation en général et à la Géodésie en particulier. Deuxième édition, revue par le capitaine *C. Peny*, professeur à l'École militaire. In-8; 1879. 10 fr.

LIONNET (E.), Agrégé de l'Université, examinateur suppléant d'admission à l'École Navale. — **Éléments d'Arithmétique.** 3ᵉ édition. In-8; 1857. (*Autorisé par l'Université.*) 4 fr.

LIONNET (E.). — **Algèbre élémentaire.** 3ᵉ édition. In-8; 1868. 4 fr.

LONCHAMPT (A.). — **Recueil des principaux Problèmes** posés dans les examens pour l'*École Polytechnique* et pour l'*École Centrale des Arts et Manufactures*, ainsi que dans les conférences des *Écoles préparatoires* les plus importantes de Paris. **Énoncés et Solutions.** 1 volume lithographié, grand in-8 jésus; 1865. 8 fr.

LONCHAMPT (A.), Préparateur aux baccalauréats ès Lettres et ès Sciences, et aux Écoles du Gouvernement. — **Recueil de Problèmes** tirés des *compositions données à la Sorbonne*, de 1853 à 1875-1876, pour les *Baccalauréats ès Sciences*, suivis des compositions de Mathématiques élémentaires, de Physique, de Chimie et de Sciences naturelles, données aux *Concours généraux* de 1846 à 1875-1876, et de *types d'examens* du baccalauréat ès Lettres et des baccalauréats ès Sciences. 2e édition. In-18 jésus, avec figures dans le texte et planches; 1876-1877:

Ire Partie : **Arithmétique. — Algèbre. — Trigonométrie**........................ *Questions*. 1 fr. »
Solutions. 1 fr. 80 c.

IIe Partie : **Géométrie**....... *Questions*. 1 fr. »
Atlas..... 60 c.
Solutions. 2 fr. 80 c.

IIIe Partie : **Approximations numériques** (théorie et applications). — **Maxima et minima** (théorie et questions). — **Courbes usuelles, Géométrie descriptive, Cosmographie, Mécanique.**
Théorie et *Questions*. 1 fr. 50 c.
Solutions. 1 fr. 50 c.

IVe Partie : **Physique. — Chimie.** (Les *Solutions* sont précédées d'un *Précis sur la résolution des Problèmes de Physique*, par M. H. Bertot, ancien Élève de l'École Polytechnique)...................... *Questions*. 1 fr. »
Solutions. 2 fr. 50 c.

LOYAU (Achille), Ingénieur des Arts et Manufactures. — **Album de charpentes en bois**, renfermant différents types de *planchers, pans de bois, combles, échafaudages, ponts provisoires*, etc. Grand in-4, contenant 120 planches de dessins cotés; 1873. 25 fr.

MAHISTRE, Professeur à la Faculté de Lille. — **L'art de tracer les Cadrans solaires**, à l'usage des Instituteurs et des personnes qui savent manier la règle et le compas. (*Approuvé par le Conseil de l'Instruction publique.*) 3e édit. In-18, avec fig. dans le texte; 1880. 1 fr. 25 c.

MAHISTRE. — **Cours de Mécanique appliquée.** In-8, avec 211 figures intercalées dans le texte; 1858. 8 fr.

MANNHEIM (A.), Chef d'escadron d'Artillerie, Professeur à l'École Polytechnique. — **Cours de Géométrie descriptive de l'École Polytechnique**, comprenant les Éléments de la Géométrie cinématique. Grand in-8, illustré de 249 figures dans le texte; 1880. 17 fr.

MANSION (Paul), Professeur à l'Université de Gand.

— **Théorie des équations aux dérivées partielles du premier ordre.** In-8; 1875. 6 fr.

MANSION (Paul). — **Éléments de la théorie des déterminants,** *avec de nombreux exercices.* 3e édition. In-8; 1880. 2 fr.

MARIE, Professeur de Topographie. — **Principes du dessin et du Lavis de la Carte topographique,** accompagnés de 9 modèles, dont 8 sont coloriés avec soin. 1 vol. in-4 oblong; 1825. 15 fr.

MARIE. — **Géométrie stéréographique,** ou *Relief des polyèdres, pour faciliter l'étude des corps,* avec 25 planches gravées et découpées de manière à reconstituer les polyèdres. In-8. 5 fr.

MARIE (**Maximilien**), Répétiteur à l'École Polytechnique. — **Théorie des fonctions des variables imaginaires.** 3 volumes grand in-8, de 280 à 300 pages; 1874-1875-1876. 20 fr.

Chaque volume se vend séparément 8 fr.

MARIELLE. — **Répertoire de l'École Polytechnique depuis l'époque de sa création en 1794 jusqu'en 1855 inclusivement.** (*Voir* **LEPRIEUR,** page 38, pour la suite du **Répertoire.**) In-8; 1855. 5 fr.

MARINE A L'EXPOSITION UNIVERSELLE DE 1878 (**La**). — Ouvrage publié par ordre de M. le Ministre de la Marine et des Colonies. 2 beaux volumes grand in-8, avec 102 figures dans le texte, et 2 Atlas in-plano contenant 161 planches; 1879. 80 fr.

MASTAING (**de**), Professeur à l'École Centrale des Arts et Manufactures. — **Cours de Mécanique appliquée à la résistance des matériaux.** Leçons professées à l'École Centrale de 1862 à 1872 par M. de Mastaing et rédigées par M. *Courtès-Lapeyrat,* Ingénieur des Arts et Manufactures, répétiteur du Cours. Grand in-8 avec nombreuses figures dans le texte et planche; 1874. 15 fr.

MATHIEU (**Émile**), Professeur à la Faculté des Sciences de Besançon. — **Cours de Physique mathématique.** In-4; 1873. 15 fr.

MATHIEU (**Émile**), — **Dynamique analytique.** In-4; 1877. 15 fr.

MEISSAS (**N.**). — **Tables pour servir aux Études et à l'exécution des chemins de fer, ainsi que dans tous les travaux où l'on fait usage du cercle et de la mesure des angles.** 2e édition; 1867. 8 fr.

MÉMORIAL DE L'ARTILLERIE, rédigé par les soins du **Comité de l'Artillerie.** Volume in-8, avec Atlas cartonné de 24 planches (no VIII); 1867. 12 fr.

Ce volume contient l'historique des modifications successives introduites dans l'organisation du personnel et dans le matériel de l'Artillerie, par suite de l'adoption des *bouches à feu rayées.*

MÉMORIAL DE L'OFFICIER DU GÉNIE, ou Recueil de Mémoires, Expériences, Observations et Procédés propres à perfectionner la Fortification et les Constructions militaires; rédigé par les soins du Comité des Fortifications, avec l'approbation du Ministre de la Guerre. In-8, avec planches et nombreuses figures dans le texte. Chaque volume, à partir du N° 21, se vend séparément. 7 fr. 50 c.

Les Nos 21 (1873), 22 (1874), 23 (1874), 24 (1875), 25 (1876), sont en vente. Le N° 26 est sous presse.
Pour recevoir *franco*, ajouter 70 c. par volume.

MILNE EDWARDS, Membre de l'Institut, doyen de la Faculté des Sciences, Président de l'Association scientifique de France. — **Nouvelles Causeries scientifiques**, ou *Notes adressées aux Membres de l'Association à l'occasion de l'Exposition internationale de* 1878. In-8; 1880. (Se vend au profit de l'Association.) 6 fr.

MOIGNO (l'Abbé). — **Leçons de Mécanique analytique**, rédigées principalement d'après les méthodes d'*Augustin Cauchy* et étendues aux travaux les plus récents. **Statique.** In-8, avec planches; 1868. 12 fr.

MOIGNO (l'abbé). — **Calcul des Variations.** In-8; 1861. 6 fr.

MOIGNO (l'Abbé). — **Actualités scientifiques.** Volumes in-18 jésus, ou petit in-8 se vendant séparément :

PREMIÈRE SÉRIE.

1° **Analyse spectrale des Corps célestes**; par *Huggins.* 1 fr. 50 c.

2° **Calorescence. — Influence des couleurs**; par *Tyndall.* 1 fr. 50 c.

3° **La Matière et la Force**; par *Tyndall.* 1 fr. 50 c.

4° **Les Éclairages modernes**; par l'Abbé *Moigno.* (*Épuisé.*)

5° **Sept Leçons de Physique générale**; par *A. Cauchy.* (*Sous presse.*)

6° **Physique moléculaire**; par l'Abbé *Moigno.* 2 fr. 50 c.

7° **Chaleur et Froid**; par *Tyndall.* (*Sous presse.*)

8° **Sur la radiation**; par *Tyndall.* 1 fr. 25 c.

9° **Sur la force de combinaison des atomes**; par *Hofmann.* 1 fr. 25 c.

10° **Faraday inventeur**; par *Tyndall.* 2 fr.

11° **Saccharimétrie optique, chimique et mélassimétrique**; par l'Abbé *Moigno.* 3 fr. 50 c.

12° **La Science anglaise, son bilan en 1868** (réunion à Norwich); par l'Abbé *Moigno.* 2 fr. 50 c.

13° **Mélanges de Physique et de Chimie pures et appliquées**; par *Frankland, Graham, Macquorn-Rankine, Perkin, Sainte-Claire Deville, Tyndall.* 3 fr. 50 c.

14° **Les Aliments**; par *Letheby*. 3 fr.

15° **Constitution de la Matière**; par le P. *Leray*. (*Epuisé.*)

16° **Esquisse historique de la Théorie dynamique de la Chaleur**; par *Tait*. 3 fr. 50 c.

17° **Théorie du Vélocipède. — Sur les lois de l'écoulement de la vapeur**; par *Macquorn-Rankine*. 1 fr. 25 c.

18° **Les Métamorphoses chimiques du Carbone**; par *Odling*. 2 fr.

19° **Programme d'un cours en sept leçons sur les phénomènes et les théories électriques**; par *Tyndall*. (*Sous presse.*)

20° **Géologie des Alpes et du tunnel des Alpes**; par *Elie de Beaumont* et *Sismonda*. 2 fr.

21° **La Science anglaise, son bilan en 1869** (réunion à Exeter). 3 fr. 50 c.

22° **La Lumière**; par *Tyndall*. 2 fr.

23° **Les agents explosifs modernes et leurs applications**; par l'Abbé *Moigno*. 2 fr.

24° **Religion et Patrie**, vengées de la fausse science et de l'envie haineuse; par l'Abbé *Moigno*. 1 fr. 50 c.

25° **Éléments de Thermodynamique**; par *J. Moutier*. 2 fr. 50 c.

26° **Sur la force de la Poudre et des matières explosibles**; par *M. Berthelot*. 3 fr. 50 c.

27° **Sursaturation des solutions gazeuses**; par *Tomlinson*. 2 fr.

28° **Optique moléculaire. Effets de précipitation, de décomposition, d'illumination produits par la lumière**; par l'Abbé *Moigno*. 2 fr. 50 c.

29° **L'Architecture du monde des atomes**, avec 100 fig. dans le texte; par *Gaudin*. 5 fr.

30° **Étude sur les éclairs**; par *P. Perrin*. 2 fr. 50 c.

31° **Manuel pratique militaire des chemins de fer**, avec nomb. fig.; par le capitaine *Issalène*. 2 fr. 50 c.

32° **Instruction sur les Paratonnerres**; par *Pouillet* et *Gay-Lussac*; avec 58 fig. et planche 2 fr. 50 c.

33° **Tables barométriques et hypsométriques pour le calcul des hauteurs**, précédées d'une *Instruction*; par *R. Radau*. 1 fr.

34° **Les passages de Vénus sur le disque solaire**, avec figures; par *Edm. Dubois*. 3 fr. 50 c.

35° **Manuel élémentaire de Photographie au collodion humide**, avec figures; par *Dumoulin*. 1 fr. 50

36° **Problèmes plaisants et délectables qui se font par les nombres**; par *Bachet, sieur de Méziriac*. 4e éd., revue par *Labosne*. Un joli vol., petit in-8 elzévir, titre en deux couleurs. 6 fr.

37° **La Chaleur** considérée comme un mode de mouvement ; par *Tyndall.* 2e édition française, avec nombreuses figures; 1874. 8 fr.

38° **L'Astronomie pratique et les Observatoires en Europe et en Amérique,** depuis le milieu du XVIIe siècle jusqu'à nos jours; par *André* et *Rayet*, astronomes, et *Angot*, professeur de Physique au Lycée Fontanes. In-18 jésus, avec belles figures dans le texte et planches en couleur.

Ire PARTIE : *Angleterre.* 4 fr. 50 c.

IIe PARTIE : *Écosse, Irlande et Colonies anglaises.* 4 fr. 50 c.

IIIe PARTIE : *Amérique du Nord.* 4 fr. 50 c.

IVe PARTIE : *Amérique du Sud*, et Météorologie américaine. (*Sous presse*).

Ve PARTIE : *Italie.* 4 fr. 50 c.

39° **Méthodes chimiques pour la recherche des falsifications, l'essai, l'analyse des matières fertilisantes;** par *Ferdinand Jean.* 3 fr. 50 c.

40° **Premières Leçons de Photographie,** avec figures; par *Perrot de Chaumeux.* 1 fr. 50 c.

41° **Les Mines dans la guerre de campagne.** — Exposé des divers procédés d'inflammation des mines et des pétards de rupture. — Emploi de préparations pyrotechniques et emploi de l'électricité, avec 51 fig. dans le texte; par le capit. *Picardat.* 2 fr. 50 c.

42° **Essai sur une manière de représenter les quantités imaginaires dans les constructions géométriques,** par R. ARGAND. 2e édition, précédée d'une préface par M. *J. Hoüel.* 5 fr.

43° **Essai sur les piles,** par *A. Callaud.* 2e édition, avec 2 planches. (Ouvrage couronné par la Société des Sciences de Lille.) 2 fr. 50 c.

44° **Matière et Éther;** indication d'une méthode pour établir les propriétés de l'Éther, par *Kretz*, Ingénieur en chef des Manufactures de l'État. 1 fr. 50 c.

45° **L'Unité dynamique des forces et des phénomènes de la nature, ou l'Atome tourbillon;** par *F. Marco*, Professeur au Lycée Cavour, à Turin. 2 fr. 50 c.

46° **Physique et Physique du Globe.** Divers Mémoires de MM. *Tyndall, Carpenter, Ramsay, Raphaël de Rossi, Félix Plateau.* Traduit par l'Abbé *Moigno.* 2 fr. 50 c.

47° **La grande pyramide, pharaonique de nom, humanitaire de fait;** ses merveilles, ses mystères et ses enseignements; par M. *Piazzi Smyth*, Astronome royal d'Écosse. Traduit de l'anglais par l'Abbé *Moigno.* 3 fr. 50 c.

48° **La Foi et la Science;** par l'Abbé Moigno. (*Épuisé.*)

49° **Les insuccès en Photographie; causes et remèdes,** suivis de la retouche des clichés et du gélatinage des épreuves; par *Cordier.* 3e édit. 1 fr. 75 c.

50° **La Photolithographie, son origine, ses procédés, ses applications**; par *C. Fortier*. Petit in-8, orné de planches, fleurons, culs-de-lampe, etc., obtenus au moyen de la Photolithographie. 3 fr. 50 c.

51° **Procédé au Collodion sec**; par *F. Boivin*. 2e édit., augmentée des formulaires de Th. Sutton, des tirages aux poudres inertes (procédé au charbon), ainsi que de notions pratiques sur la Photolithographie, l'électrogravure et l'impression à l'encre grasse. 1 fr. 50 c.

52° **Les Pandynamomètres de torsion et de flexion**, *Théorie et application*; avec 2 grandes planches; par M. *G.-A. Hirn*. 2 fr.

53° **Notice sur les Aréomètres employés dans l'industrie, le commerce et les sciences**, avec figures dans le texte; par *Baserga*, constructeur d'instruments. 1 fr. 50 c.

54° **Manuel du Magnanier**, application des théories de M. Pasteur à l'éducation des vers à soie; par *L. Roman*. Un beau volume, avec nombreuses figures ombrées dans le texte et 6 planches en couleur. 4 fr. 50 c.

55° **Les Couleurs reproduites en Photographie**; Historique, théorie et pratique; par *Eug. Dumoulin*. 1 fr. 50 c.

56° **Progrès récents de l'Astronomie stellaire**; par *R. Radau*. 1 fr. 50 c.

57° **Les Observatoires de montagne** (avec figures dans le texte); par *R. Radau*. 1 fr. 50 c.

58° **Les poussières de l'air**, avec figures dans le texte et 4 planches; par *Gaston Tissandier*. 2 fr. 25 c.

59° **Traité pratique de Photographie au charbon**, complété par la description de divers *Procédés d'impressions inaltérables* (*Photochromie et tirages photomécaniques*; par *Léon Vidal*. 3e éd., avec une pl. spécimen de Photochromie et 2 pl. spécimens d'impressions à l'encre grasse. 4 fr. 50 c.

60° **Le procédé au gélatino-bromure**, suivis d'une *Note* de M. Milsom *Sur les clichés portatifs* et de la traduction des *Notices* de R. Kennett et Rév. H.-G. Palmer, avec fig.; par *H. Odagir*. 1 fr. 50 c.

61° **La Science des nombres d'après la tradition des siècles**; Explication de la table de Pythagore, par l'*Abbé Marchand*. 3 fr.

62° **La Lumière et les climats**; par *R. Radau*. 1 fr. 75 c.

63° **Les Radiations chimiques du Soleil**; par *R. Radau*. 1 fr. 50 c.

64° **L'Actinométrie**; par *R. Radau*. 2 fr.

65° **Traité pratique complet d'impressions photographiques aux encres grasses, de phototypographie et de photogravure**; par *Moock*. 2e éd. 3 fr.

66° **La Spectroscopie,** avec nombreuses gravures dans le texte; par *Cazin*. 2 fr. 75 c.

67° **Formulaire pratique de la Photographie aux sels d'argent;** par *Huberson*. 1 fr. 50 c.

68° **Leçons sur l'Électricité,** par *Tyndall*; traduit de l'anglais par *Francisque Michel*. 2 fr. 75 c.

69° **Traité élémentaire et pratique de Photographie au charbon;** par *Aubert*. 1 fr. 50 c.

70° **La prévision du temps;** par *W. de Fonvielle*; 1878. 1 fr. 50 c.

71° **La Photographie et ses applications scientifiques;** par *R. Radau*. 1 fr. 75 c.

72° **L'Ozone;** ce qu'il est, ses propriétés physiques et chimiques, son existence et son rôle dans la nature; par l'*Abbé Moigno*. 3 fr. 50 c.

73° **Les Microbes organisés;** leur rôle dans la fermentation, la putréfaction et la contagion; Mémoires de MM. Tyndall et Pasteur; par l'*Abbé Moigno*. 3 fr. 50 c.

74° **Le R. P. Secchi; sa Vie, son Observatoire, ses Travaux, ses Écrits;** ses titres à la gloire, ses grands Ouvrages; par l'*Abbé Moigno*. In-18 jésus, avec un portrait et 3 planches. 3 fr. 50 c.

75° **Cartes du temps et Avertissements de tempêtes,** par *Robert H. Scott*. Traduit de l'anglais par MM. *Zurcher* et *Margollé*. Petit in-8, avec 2 planches et nombreuses figures. 4 fr. 50 c.

76° **La Photographie appliquée à l'Archéologie;** Reproduction des *Monuments, Œuvres d'art, Mobilier, Inscriptions, Manuscrits*; par *E. Trutat*. In-18 jésus, avec cinq photolithographies. 3 fr.

77° **La Photographie des peintres, des voyageurs et des touristes.** *Nouveau procédé sur papier huilé*, simplifiant le bagage et facilitant toutes les opérations, avec indication de la manière de construire soi-même la plupart des instruments nécessaires, par *Pélegry*. In-18 jésus, avec un spécimen; 1879. 1 fr. 75 c.

78° **Comment on observe les nuages pour prévoir le temps;** par *André Poëy*. Petit in-8, avec 17 planches chromolithographiques. 4 fr. 50 c.

79° **Traité pratique de Phototypie ou Impression à l'encre grasse sur couche de gélatine;** par *Léon Vidal*. In-18 jésus, avec belles figures dans le texte et spécimens; 1879. 8 fr.

80° **Observations météorologiques en ballon;** Résumé de vingt-cinq ascensions aérostatiques; par *Gaston Tissandier*. In-18 jésus, avec fig.; 1879. 1 fr. 50 c.

81° **Précis de Microphotographie,** par *G. Huberson*. In-18 jésus, avec figures dans le texte et une planche en photogravure. 2 fr.

82° **Constitution intérieure de la Terre**; par *R. Radau.* 1 fr. 50 c.

83° **Le rôle des vents dans les climats chauds; la pression barométrique et les climats des hautes régions**; par *R. Radau.* 1 fr. 50 c.

DEUXIÈME SÉRIE.

La Science illustrée. — L'enseignement de tous.

1° **L'Art des projections**, avec 103 fig. 2 fr. 50 c.

2° **Photomicrographie** en 100 tableaux pour projections; par *Girard.* 1 fr. 50 c.

3° **Les Accidents**, secours en l'absence de l'homme de l'art; par *Smée.* 1 fr. 25 c.

4° **L'Anatomie et l'Histologie, enseignées par les projections lumineuses**; par le Dr *Le Bon.* 1 fr.

5° **Manuel de Mnémotechnie**, *Application à l'histoire*; par l'*Abbé Moigno.* 3 fr.

MOLLET (J.). — Gnomonique graphique, ou Méthode facile pour tracer les cadrans solaires sur toutes sortes de Plans, en ne faisant usage que de la règle et du compas. 6e édit. In-8, avec pl.; 1865. 3 fr. 50 c.

MOLTENI (A.). — Instructions pratiques sur l'emploi des appareils de projection, lanternes magiques, fantasmagories, polyaramas, appareils pour l'enseignement. In-18 jésus, avec figures dans le texte. 2 fr. 50 c.

MOUCHOT. — La chaleur solaire et ses applications industrielles. — Deuxième édition, revue et considérablement augmentée. In-8, avec figures; 1879. 6 fr.

NAUDIER, Docteur en droit, conseiller de préfecture de l'Aube. — **Traité théorique et pratique de la Législation** et de la **Jurisprudence des Mines**, des **Minières** et des **Carrières**. In-8; 1877. 10 fr.

NOURY. — Tarifs d'après le Système métrique décimal pour cuber les bois carrés en grume ou ronds, et tous les corps solides quelconques, ainsi que les colis ou ballots, caisses, etc. 3e édit. In-8; 1877. (*Approuvé par les Ministres de l'Intérieur et de la Marine.*) 4 fr.

NOUVELLES ANNALES DE MATHÉMATIQUES. Journal des Candidats aux Écoles Polytechnique et Normale, rédigé par MM. *Gerono* et *Brisse.* (Publication fondée en 1842 par MM. *Gerono* et *Terquem*, et continuée par MM. *Gerono, Prouhet et Bourget.*)

1re Série, 20 vol. in-8, années 1842 à 1861. 300 fr.

Les tomes I à VII, X et XVI à XX (1842-1848, 1851 et 1857 à 1861) ne se vendent pas séparément. Les autres tomes de la 1re série se vendent séparément. 12 fr.

La **2e Série**, commencée en 1862, continue de paraître chaque mois par cahier de 48 pages. L'abonnement est annuel, et part du 1er janvier.

Les tomes I à VIII (1862 à 1869) de la 2e Série ne se vendent pas séparément. Les tomes suivants se vendent séparément. 15 fr.

Prix de l'abonnement pour un an :

Paris.. 15 fr.
Départements et Union postale.......... 17 fr.
Autres pays.................................. 20 fr.

OGER (F.), Professeur d'Histoire et de Géographie, Maître de Conférences au Collège Sainte-Barbe. — **Géographie de la France et Géographie générale, physique, militaire, historique, politique, administrative et statistique**, *rédigée conformément au Programme officiel*, à l'usage des Candidats aux Écoles du Gouvernement et aux Aspirants aux Baccalauréats ès Lettres et ès Sciences. 7e édition. In-8; 1880. 3 fr.

Cet Ouvrage correspond à l'Atlas de Géographie générale du même Auteur.

OGER (F.). — Atlas de Géographie.

Atlas de Géographie générale à l'usage des Lycées, des Collèges, des Institutions préparatoires aux Écoles du gouvernement et de tous les établissements d'Instruction publique. 10e édition. In-plano, cartonné, contenant 33 Cartes coloriées; 1879. 14 fr.

Atlas géographique et historique à l'usage de la classe de Quatrième. 2e édition. In-plano, cartonné, contenant 16 cartes coloriées; 1878. 8 fr. 50 c.

Atlas géographique et historique à l'usage de la classe de Cinquième. In-plano cartonné, contenant 18 cartes coloriées; 1875. 8 fr. 50 c.

Atlas géographique et historique à l'usage de la classe de Sixième. In-plano cartonné, contenant 18 cartes coloriées; 1875. 6 fr.

Atlas géographique et historique à l'usage des Classes élémentaires (7e, 8e et 9e), contenant 13 cartes coloriées, 1875. 6 fr.

OGER (F.). — Cours d'Histoire générale à l'usage des Lycées, des établissements d'instruction publique, des candidats aux Écoles du Gouvernement et aux baccalauréats, rédigé conformément aux programmes officiels.

I. *Histoire de l'Europe depuis l'invasion des Barbares jusqu'au* XVIe *siècle*. 2e édition. In-8; 1875. 3 fr. 50 c.

II. *Histoire de l'Europe depuis le* XIVe *jusqu'au milieu du* XVIIe *siècle*. 2e édition. In-8; 1875. 3 fr. 50 c.

III. *Histoire de l'Europe de* 1610 *à* 1848. 3e édition; 1875. 6 fr. 50 c.

IV. *Histoire de l'Europe de* 1610 *à* 1815, (*Cours de Rhétorique*). 2e édition. In-8; 1875. 7 fr. 50 c.

OLTRAMARE, Professeur à l'Université de Genève. — **Leçons d'Arithmétique; Guide à l'usage des Professeurs.**

Iʳᵉ Partie. — *Calcul numérique, avec de nombreux problèmes.* 2ᵉ édition. In-8; 1878. 3 fr. 50 c.

ORTOLAN (J.-A.), mécanicien en chef de la marine. — **Mémorial du mécanicien d'usine et de navigation.** Calculs d'application ; Tables et tableaux de résultats pour la construction, les essais et la conduite des machines à vapeur. In-18 de 520 pages, avec plus de 200 figures dans le texte ; 1878. Broché. 4 fr. 50 c.
Cartonné. 5 fr. 50 c.

PAINVIN (L.), Professeur de Mathématiques spéciales au Lycée de Lyon. — **Principes de Géométrie analytique.** 2 volumes grand in-4, lithographiés, de plus de 800 pages chacun, avec nombreuses figures dans le texte.
Iʳᵉ Partie. — *Géométrie plane*; 1866. (*Épuisé.*)
IIᵉ Partie. — *Géométrie dans l'espace*; 1871. 23 fr.

PASTEUR, Membre de l'Institut. — **Études sur le Vinaigre, sa fabrication, ses maladies, moyens de les prévenir ; nouvelles observations sur la conservation des Vins par la chaleur.** Grand in-8, avec figures; 1868. 4 fr.

PASTEUR (L.). — **Études sur la maladie des Vers à soie ;** *moyen pratique assuré de la combattre et d'en prévenir le retour.* Deux beaux volumes grand in-8, avec figures dans le texte et 37 planches ; 1870. 20 fr.

PASTEUR (L.). — **Études sur la Bière ;** *ses maladies, causes qui les provoquent, procédé pour la rendre inaltérable*, avec une Théorie nouvelle de la fermentation. Grand in-8, avec 85 figures dans le texte et 13 planches gravées ; 1876. 20 fr.

Pour recevoir franco, dans tous les pays faisant partie de l'Union postale, l'Ouvrage soigneusement emballé entre cartons, ajouter 1 fr.

PASTEUR (L.). — **Examen critique d'un écrit posthume de Claude Bernard sur la fermentation.** In-8; 1879. 5 fr.

PEIGNÉ (M.-A.). — **Conversion des mesures, monnaies et poids de tous les pays étrangers en mesures, monnaies et poids de la France.** In-18 jésus; 1867. 2 fr. 50 c.

PEREIRE (Eugène). — **Tables de l'intérêt composé des annuités et des rentes viagères.** 2ᵉ édit. augmentée de 8 *Tableaux graphiques.* In-4 ; 1873. 10 fr.

PERRODIL (GROS de), Ingénieur en chef des Ponts et Chaussées. — **Résistance des matériaux. — Résistance des voûtes et arcs métalliques employés dans la construction des ponts.** In-8, avec 2 grandes planches; 1879. 7 fr. 50 c.

PETERSEN (Julius), Membre de l'Académie royale danoise des Sciences, professeur à l'École royale polytechnique de Copenhague. — **Méthodes et théories pour la résolution des problèmes de constructions géométriques,** *avec application à plus de 400 problèmes.* Traduit par O. Chemin, Ingénieur des Ponts et Chaussées. Petit in-8, avec figures; 1880. 4 fr.

PETIT (F.), Traité d'Astronomie pour les gens du monde, avec des *Notes complémentaires* pour les Candidats au Baccalauréat, aux Écoles spéciales et à la Licence ès Sciences mathématiques. 2 volumes in-18 jésus, avec 286 figures dans le texte et une Carte céleste; 1866. 7 fr.

PIARRON DE MONDÉSIR, Ingénieur des Ponts et Chaussées. — **Dialogues sur la Mécanique**; *Méthode nouvelle* pour l'enseignement de cette Science, résultats scientifiques nouveaux. In-8, avec figures; 1870. 6 fr.

PICTET (Raoul.). — Synthèse de la chaleur, suivie de considérations sur la *Possibilité expérimentale de la dissociation de quelques métalloïdes*. In-8, avec une planche; 1879. 3 fr.

PICTET (Raoul) et CELLÉRIER (G.). — Méthode générale d'intégration continue d'une fonction numérique quelconque, à propos de quelques théorèmes fournis par l'Analyse mathématique appliquée au *calcul des courbes d'un nouveau thermographe*. In-8, avec figures dans le texte et 6 planches; 1879. 6 fr.

PIERRE (J.-I.), Professeur à la Faculté des Sciences de Caen. — **Exercices sur la Physique, avec l'indication des solutions.** 2e édit. In-8, avec 4 pl.; 1862. 4 fr.

PLATEAU (J.), Correspondant de l'Institut de France, Professeur à l'Université de Gand. — **Statique expérimentale et théorique des liquides soumis aux seules forces moléculaires.** 2 vol. grand in-8, d'environ 950 pages, avec figures dans le texte; 1873. 15 fr.

POËY (André), Fondateur de l'Observatoire physique et météorologique de la Havane. — **Comment on observe les nuages pour prévoir le temps.** 3e édition, revue et augmentée. Petit in-8, contenant 17 planches chromolithographiques et 3 planches sur bois; 1879. 4 fr. 50 c.

POINSOT. — Éléments de Statique, précédés d'une *Notice sur Poinsot*, par M. J. Bertrand, Membre de l'Institut. 12e édition; 1877. 6 fr.

POISSON (S.-D.), Membre de l'Institut. **Traité de Mécanique.** 2e édit. 2 forts vol. in-8; 1833. 18 fr.

PONCELET, Membre de l'Institut. — **Applications d'Analyse et de Géométrie** qui ont servi de principal fondement au **Traité des Propriétés projectives des figures**, suivies d'Additions par MM. *Mannheim* et *Moutard*, anciens Élèves de l'École Polytechnique. 2 vol. in-8, avec figures dans le texte; 1864. 20 fr.

Chaque volume se vend séparément. 10 fr.

PONCELET. — Traité des Propriétés projectives des figures. Ouvrage utile à ceux qui s'occupent des applications de la Géométrie descriptive et d'opérations géométriques sur le terrain. 2ᵉ édition; 1865-1866. 2 beaux volumes in-4 d'environ 450 pages chacun, avec de nombreuses planches gravées sur cuivre. 40 fr.

Le second volume se vend séparément. 20 fr.

PONCELET. — **Introduction à la Mécanique industrielle, physique ou expérimentale.** 3ᵉ édit., publiée par M. *Kretz*, ingénieur en chef, inspecteur des manufactures de l'État. In-8 de 757 pages, avec 3 pl.; 1870. 12 fr.

PONCELET. — **Cours de Mécanique appliquée aux Machines**; publié par M. *Kretz*. 2 volumes in-8.

Iʳᵉ Partie: *Machines en mouvement, Régulateurs et transmissions, Résistances passives*, avec 117 figures dans le texte et 2 planches; 1874. 12 fr.

2ᵉ Partie: *Mouvement des fluides, Moteurs, Ponts-Levis*, avec 111 figures; 1876. 12 fr.

POUDRA. — **Traité de Perspective-Relief.** In-8, avec Atlas oblong de 18 planches; 1862. 8 fr. 50 c.

POUILLET et GAY-LUSSAC. — **Instruction sur les paratonnerres**, adoptée par l'Académie des Sciences. In-18 jésus, avec 58 figures dans le texte et une planche; 1874. 2 fr. 50 c.

PRÉFECTURE DE LA SEINE. — **Assainissement de la Seine. Épuration et utilisation des eaux d'égout.** 4 beaux volumes in-8 jésus, avec 17 planches, dont 10 en chromolithographie; 1876-1877. 26 fr

On vend séparément :

Les 3 premiers volumes (*Documents administratifs. — Enquête. — Annexes*). 20 fr.

Le 4ᵉ volume (*Documents anglais*). 6 fr.

PRESLE (de), ancien élève de l'École Polytechnique. — **Traité de Mécanique rationnelle.** In-8, avec 95 fig.; 1869. 5 fr.

PUISEUX (V.), Membre de l'Institut. — **Mémoire sur l'accélération séculaire du mouvement de la Lune.** (Extrait des *Mémoires présentés par divers savants à l'Académie des Sciences.*) In-4; 1873. 5 fr.

PUISSANT. — **Traité de Géodésie**, ou Exposition des Méthodes trigonométriques et astronomiques, applicables soit à la mesure de la Terre, soit à la confection du canevas des cartes et des plans topographiques. 3ᵉ édit. 2 vol. in-4, avec 13 pl.; 1842. (*Rare.*)

QUESNEVILLE (G.), Docteur ès sciences. — **De la propagation de l'électricité dans les corps solides, liquides et gazeux.** Grand in-4; 1879. 5 fr.

QUESNEVILLE (G.). — **De l'influence du mouvement sur la hauteur du son.** Grand in-4; 1879. 5 fr.

REGNAULT (J.-J.) — **Traité de Géométrie pratique et d'Arpentage**, comprenant les **Opérations graphiques** et de nombreuses **Applications aux Travaux de toute nature**, à l'usage des Écoles professionnelles, des Écoles normales primaires, des employés des Ponts et Chaussées, des Agents voyers, etc. 2e édition, revue et augmentée. In-8, avec 14 pl.; 1860. 5 fr.

REGNAULT (J.-J.). — **Cours pratique d'Arpentage,** à l'usage des Instituteurs, des Élèves des Écoles primaires, des Propriétaires et des Cultivateurs. In-18, sur jésus, avec figures dans le texte. 2e édition; 1870. 1 fr. 50 c.

RESAL (H.), Ingénieur des Mines, Docteur ès Sciences. — **Traité élémentaire de Mécanique céleste.** In-8, avec planche; 1865. 8 fr.

RESAL (H.), Membre de l'Institut. — **Traité de Mécanique générale,** comprenant les *Leçons professées à l'École Polytechnique et à l'École des Mines.* 6 vol. in-8, se vendant séparément :

MÉCANIQUE RATIONNELLE.

TOME I : *Cinématique. — Théorèmes généraux de la Mécanique. — De l'équilibre et du mouvement des corps solides.* In-8, avec figures dans le texte; 1873. 9 fr. 50 c.

TOME II : *Frottement. — Équilibre intérieur des corps. — Théorie mathématique de la poussée des terres. — Équilibre et mouvements vibratoires des corps isotropes. — Hydrostatique. — Hydrodynamique. — Hydraulique. — Thermodynamique,* suivie de la *Théorie des armes à feu.* In-8; 1874. 9 fr. 50 c.

MÉCANIQUE APPLIQUÉE (moteurs et machines).

TOME III : *Des machines considérées au point de vue des transformations de mouvement et de la transformation du travail des forces. — Application de la Mécanique à l'Horlogerie.* In-8, avec belles figures ombrées dans le texte; 1875. 11 fr.

TOME IV : *Moteurs animés. — De l'eau et du vent considérés comme moteurs. — Machines hydrauliques et élévatoires. — Machines à vapeur, à air chaud et à gaz.* In-8, avec 200 belles figures dans le texte, levées et dessinées d'après les meilleurs types; 1876. 15 fr.

CONSTRUCTION.

TOME V : *Résistance des matériaux. — Constructions en bois. — Maçonneries. — Fondations. — Murs de soutènement. — Réservoirs.* In-8, avec 308 belles figures dans le texte, levées et dessinées d'après les meilleurs types; 1880. 12 fr. 50 c.

TOME VI : *Voûtes droites et biaises, en dôme,* etc. — *Ponts en bois. — Planchers et combles en fer. — Ponts suspendus. — Ponts-levis. — Cheminées. — Fondations de machines industrielles. — Amélioration des cours d'eau. — Navigation intérieure. — Ports de mer.*

(*Sous presse.*)

ROMAN (L.). — **Manuel du Magnanier.** *Application des théories de M. Pasteur à l'éducation des vers à soie.* Un beau volume in-18 jésus, avec nombreuses figures dans le texte et 6 planches en couleur; 1876. 4 fr. 50 c.

ROUCHÉ (Eugène), Professeur à l'École Centrale, Répétiteur à l'École Polytechnique, etc., et **COMBEROUSSE (Charles de)**, Professeur à l'École Centrale et au Collége Chaptal, etc. — **Traité de Géométrie** conforme aux Programmes officiels, renfermant un très-grand nombre d'Exercices et plusieurs Appendices consacrés à l'exposition des PRINCIPALES MÉTHODES DE LA GÉOMÉTRIE MODERNE. 4e édition, revue et notablement augmentée. In-8 de XXXVI-900 pages, avec 616 figures dans le texte, et 1087 questions proposées; 1879. 14 fr.

On vend séparément, savoir :

Ire PARTIE. — *Géométrie plane.* 6 fr.

IIe PARTIE. — *Géométrie de l'espace; Courbes et Surfaces usuelles.* 8 fr.

ROUCHÉ (Eugène) et COMBEROUSSE (Charles de). — **Éléments de Géométrie**, entièrement conformes aux derniers programmes d'enseignement des classes de troisième, de seconde, de rhétorique et de philosophie, suivis d'un **Complément à l'usage des Élèves de Mathématiques élémentaires et de Mathématiques spéciales**, et de *Notions sur le Lever des plans et l'Arpentage.* 2e édition, revue et corrigée. In-8; 1873. 5 fr.

ROUCHÉ (Eugène). — **Éléments d'Algèbre**, à l'usage des Candidats au Baccalauréat ès Sciences et aux Écoles spéciales. (*Rédigés conformément aux Programmes.*) In-8, avec figures dans le texte; 1857. 4 fr.

ROUIS, Médecin principal d'armée. — **Recherches sur la transmission du son dans l'oreille humaine.** In-4, avec figures; 1877. 8 fr.

SAINT-EDME, Professeur de Sciences physiques aux Écoles municipales d'Auteuil, Lavoisier, Turgot, et à l'École supérieure du Commerce. — **L'Électricité appliquée aux Arts mécaniques, à la Marine, au Théâtre.** In-8, avec belles fig. dans le texte; 1871. 4 fr.

SAINT-GERMAIN (de), Professeur de Mécanique à la Faculté des Sciences de Caen, ancien Maître de Conférences à l'École des Hautes Études de Paris. — **Recueil d'Exercices sur la Mécanique rationnelle**, à l'usage des candidats à la Licence et à l'Agrégation des Sciences mathématiques. In-8, avec figures dans le texte, 1877. 8 fr. 50 c.

SALVÉTAT (A.), Chef des travaux chimiques à la Manufacture de Sèvres. — **Leçons de Céramique**, professées à l'École Centrale des Arts et Manufactures. 2 vol. in-18, avec 479 figures dans le texte. 12 fr.

SCHRÖN (L.). — **Tables de Logarithmes à sept décimales** pour les nombres depuis **1** jusqu'à **108000**, et pour les fonctions trigonométriques de 10 en 10 secondes; et **Tables d'Interpolation pour le calcul des parties proportionnelles**; précédées d'une **Introduction** par *J. Hoüel*. 2 beaux volumes grand in-8 jésus. Paris; 1880.

	PRIX :	
	Broché.	Cartonné.
Tables de Logarithmes...........	8 fr.	9 fr. 75 c.
Table d'interpolation...........	2	3 25
Tables de Logarithmes et Table d'interpolation réunies en un seul volume.................	10	11 75

SCOTT (**Robert-H.**), Directeur du Service météorologique de l'Angleterre. — **Cartes du temps et avertissements de tempêtes.** Ouvrage traduit de l'anglais par MM. *Zurcher* et *Margollé*. Petit in-8, avec nombreuses figures dans le texte, et 2 planches en couleur; 1879. 4 fr. 50 c.

SECCHI (**le P. A.**), Directeur de l'Observatoire du Collége Romain, Correspondant de l'Institut de France. **Le Soleil.** 2e édition. Deux beaux volumes grand in-8, avec Atlas; 1875-1877. 30 fr.

On vend séparément :

Ire Partie. Un volume grand in-8, avec 150 figures dans le texte et un atlas comprenant 6 grandes planches gravées sur acier (I. *Spectre ordinaire du Soleil* et *Spectre d'absorption atmosphérique*. — II. *Spectre de diffraction*, d'après la photographie de M. Henry Draper. — III, IV, V et VI. *Spectre normal du Soleil*, d'après Angström, et *Spectre normal du Soleil, portion ultra-violette*, par M. A. Cornu); 1875. 18 fr.

IIe Partie. Un beau volume grand in-8, avec nombreuses figures dans le texte, et 13 planches, dont 12 en couleur (I à VIII. *Protubérances solaires*. — IX. *Type de tache du Soleil*. — X et XI, *Nébuleuses*, etc. — XII et XIII. *Spectres stellaires*); 1877. 18 fr.

SECRETAN. — **Calendrier météorologique pour 1880.** In-4, avec tableaux et figures dans le texte; 1880. 2 fr.

SERRET (**J.-A.**), Membre de l'Institut. — **Traité d'Arithmétique**, à l'usage des candidats au Baccalauréat ès Sciences et aux Écoles spéciales. 6e édition, revue et mise en harmonie avec les derniers Programmes officiels par **J.-A. Serret** et par **Ch. de Comberousse**, Professeur de Cinématique à l'École Centrale et de Mathématiques spéciales au Collége Chaptal. In-8; 1875. (*Autorisé par décision ministérielle.*) 4 fr. 50 c.

SERRET (**J.-A.**). — **Traité de Trigonométrie.** 6e édition, revue et augmentée. In-8 avec fig. dans le texte; 1880. (*Autorisé par décision ministérielle.*) 4 fr.

SERRET (**J.-A.**). **Cours d'Algèbre supérieure.** 4e édition. 2 forts volumes in-8 avec figures; 1877-1879. 25 fr.

SERRET (**J.-A.**). **Cours de Calcul différentiel et intégral.** 2e édit. 2 forts vol. in-8, avec figures; 1878. 24 fr.

SERRET (Paul). — **Théorie nouvelle géométrique et mécanique des lignes à double courbure.** In-8, avec 67 figures dans le texte; 1860. 8 fr.

SERRET (Paul). — **Géométrie de Direction.** APPLICATIONS DES COORDONNÉES POLYÉDRIQUES. *Propriété de dix points de l'ellipsoïde, de neuf points d'une courbe gauche du quatrième ordre, de huit points d'une cubique gauche.* In-8, avec figures dans le texte; 1869. 10 fr.

STATKOWSKI, Ingénieur à Tiflis. — **Problèmes de la Climatologie du Caucase.** Traduit du russe. Grand in-8; 1879. 6 fr.

STURM, Membre de l'Institut. — **Cours d'Analyse de l'École Polytechnique,** revu et corrigé par M. *Prouhet,* et suivi de la **Théorie élémentaire des Fonctions elliptiques,** par M. *H. Laurent,* répétiteur à l'École Polytechnique. 6e édit. 2 vol. in-8, avec figures dans le texte; 1880. 14 fr.

STURM. — **Cours de Mécanique de l'École Polytechnique,** publié, d'après le vœu de l'auteur, par M. *E. Prouhet.* 3e édition. 2 volumes in-8, avec 189 figures dans le texte; 1875. 12 fr.

TARNIER, Inspecteur de l'Instruction primaire à Paris. — **Éléments de Géométrie pratique,** conformes au programme de l'enseignement secondaire spécial (année préparatoire, Sciences) à l'usage des Écoles primaires et des divers établissements scolaires. In-8, avec figures dans le texte, accompagné d'un Atlas in-folio contenant 1 planche typographique et 7 belles planches coloriées gravées sur acier; 1872. Prix du texte broché, avec l'Atlas en feuilles dans une couverture imprimée. 6 fr.

Prix du texte cartonné et de l'Atlas cartonné sur onglets. 8 fr. 75 c.

On vend séparément :

Le texte, broché, 2 fr. 50 c.; cartonné, 3 fr. 25 c.
L'Atlas, en feuilles, 3 fr. 50 c.; cart. sur ongl., 5 fr. 50 c.

THIERRY fils. — **Méthode graphique et géométrique, ou le Dessin linéaire** appliqué aux arts en général, et en particulier à la projection des ombres, à la pratique de la coupe des pierres, à la perspective linéaire et aux cinq ordres d'Architecture. 2e éd., revue et corrigée par M. *C.-F.-M. Marie.* Grand in-8 oblong, avec 50 planches; 1846. (*Ouvrage choisi par le Ministère de l'Instruction publique pour les Bibliothèques scolaires.*) 6 fr.

THOMAN (Fedor). — **Théorie des intérêts composés et des annuités,** suivie de Tables logarithmiques. Ouvrage traduit de l'anglais par M. l'Abbé *Bouchard,* et précédé d'une préface de M. *J. Bertrand,* Secrétaire perpétuel de l'Académie des Sciences. (Cette édition française renferme plusieurs Tables inédites de *Fedor Thoman.* Grand in-8; 1878. 10 fr.

THOREL (J.-B.-A.), Géomètre de 1re classe du Cadastre. — **Arpentage et Géodésie pratiques.** Ouvrage à l'aide duquel on peut apprendre le Système métrique, l'Arpentage, la Division des Terres, la Trigonométrie rectiligne, la Levée des Plans et la Gnomonique. 2e tirage. In-4, avec planches ; 1855. 4 fr.

TILLY (de). — **Essai sur les principes fondamentaux de la Géométrie et de la Mécanique.** Grand in-8 ; 1878. 6 fr.

TIMMERMANS, Professeur à la Faculté des Sciences de l'Université de Gand. — **Traité de Mécanique rationnelle.** Grand in-8 ; 1862. 9 fr.

TISSERAND, Correspondant de l'Institut, Directeur de l'Observatoire de Toulouse, ancien Maître de Conférences à l'École des Hautes Études de Paris. — **Recueil complémentaire d'Exercices sur le Calcul infinitésimal,** à l'usage des candidats à la Licence et à l'Agrégation des Sciences mathématiques. (Cet Ouvrage forme une suite naturelle à l'excellent *Recueil d'Exercices* de M. Frenet. In-8, avec figures dans le texte ; 1877. 7 fr. 50 c.

TRUCHOT, Professeur à la Faculté des Sciences de Clermont-Ferrand. — **Les instruments de Lavoisier.** *Relation d'une visite à La Canière (Puy-de-Dôme) où se trouvent réunis les instruments ayant servi à Lavoisier.* In-8, avec belles figures dans le texte ; 1879. 1 fr. 50 c.

TYNDALL (John.). — **Le Son,** traduit de l'anglais et augmenté d'un Appendice par M. l'Abbé *Moigno.* In-8, orné de 171 figures dans le texte ; 1869. 7 fr.

TYNDALL (John). — **La Chaleur,** considérée comme un *mode de mouvement.* 2e édition française traduite sur la 4e édition anglaise, par l'Abbé *Moigno.* Un fort volume in-18 jésus, avec nombreuses figures ; 1874. 8 fr.

TYNDALL (John). — **La Lumière ; six Lectures faites en Amérique en 1872-1873 ;** Ouvrage traduit de l'anglais par M. l'Abbé *Moigno.* In-8, avec figures dans le texte ; 1875. 7 fr.

TYNDALL (John). — **Leçons sur l'Électricité,** professées en 1875-1876 à l'Institution royale ; Ouvrage traduit de l'anglais par *Francisque Michel.* In-18, avec 58 figures dans le texte ; 1878. 2 fr. 75 c.

UHLAND, Ingénieur civil, Rédacteur en chef du *Praktischer Maschinen-Constructeur.* — **Les nouvelles machines à vapeur,** notamment celles qui ont figuré à l'Exposition universelle de 1878. Description des *Types Corliss, à soupapes, Compound,* etc., construits le plus récemment. Exposé de l'origine, du développement et des principes de construction de ces systèmes. Traduit de l'allemand et annoté par C. de Laharpe, Ingénieur-Constructeur, ancien Élève de l'École Centrale des Arts et Manufactures, et MM. Baretta et Desnos. In-4 de 400 pages environ, contenant plus de 250 fig. dans le texte et 30 pl. in-4, avec un Atlas de 60 pl. in-folio. 100 fr.

VALÉRIUS (B.), Docteur ès Sciences. — **Traité théorique et pratique de la fabrication du fer et de l'acier,** accompagné d'un *Exposé des améliorations dont elle est susceptible,* principalement en Belgique. — Deuxième édition originale française, publiée d'après le manuscrit de l'Auteur, et augmentée de plusieurs articles par H. Valérius, Professeur à l'Université de Gand. Un volume grand in-8, de 880 pages, texte compacte, avec un Atlas in-folio de 45 planches (dont deux doubles), gravées; 1875. 75 fr.

VALÉRIUS (H.), Professeur à l'Université de Gand. — **Les applications de la Chaleur, avec un exposé des meilleurs systèmes de chauffage et de ventilation.** 3e édition. Grand in-8, avec 122 figures dans le texte et 14 planches; 1879. 18 fr.

VALLÈS (F.), Inspecteur général des ponts et Chaussées. — **Des formes imaginaires en Algèbre.**

Ire Partie : *Leur interprétation en abstrait et en concret.* In-8; 1869. 5 fr.

IIe Partie : *Intervention de ces formes dans les équations des cinq premiers degrés.* Grand in-8, lithographié; 1873. 6 fr.

IIIe Partie : *Représentation à l'aide de ces formes des directions dans l'espace.* In-8; 1876. 5 fr.

VASSAL (le major Vladimir), ancien Ingénieur. — **Nouvelles Tables** donnant avec cinq décimales les **logarithmes vulgaires et naturels** des nombres de 1 à 10800, et des **fonctions circulaires et hyperboliques** pour tous les degrés de quart de cercle de minute en minute. Un beau vol. in-4°; 1872. 12 fr.

VIDAL (l'Abbé). — **L'Art de tracer les cadrans solaires par le calcul, et le mètre à la main,** mis à la portée des ouvriers et de ceux qui ne savent faire que l'addition et la soustraction. In-8, avec 2 planches; 1875. 2 fr. 50 c.

VIEILLE (J.) Inspecteur général de l'Instruction publique. — **Éléments de Mécanique,** rédigés conformément au Progr. du nouveau plan d'études des Lycées. 3e édit.; 1 vol. in-8, avec fig. dans le texte; 1875. 4 fr. 50 c.

VINCENT, Répétiteur de Chimie industrielle à l'École Centrale. — **Carbonisation des bois en vases clos et utilisation des produits dérivés.** Grand in-8, avec belles figures gravées sur bois; 1873. 5 fr.

VIOLEINE (A.-P.). — **Nouvelles Tables pour les calculs d'Intérêts composés, d'Annuités et d'Amortissement.** 3e édition revue et augmentée par M. *Laas d'Aguen,* gendre de l'Auteur. In-4; 1876. 15 fr.

VIOLLE, Professeur à la Faculté des Sciences de Lyon. — **Sur la radiation solaire.** — I. Mesure de l'intensité de la radiation solaire. — II. Absorption atmosphérique. Rôle de la vapeur d'eau. — III. Conclusions. Table. In-8; 1879. 2 fr.

YVON VILLARCEAU, membre de l'Institut et **AVED DE MAGNAC**, lieutenant de vaisseau.—**Nouvelle navigation astronomique.** (L'heure du premier méridien est déterminée par l'emploi seul des chronomètres). **Théorie et Pratique.** Un beau volume in-4, avec planche; 1877. 20 fr.

On vend séparément :

Théorie, par M. *Yvon Villarceau.* 10 fr.
Pratique, par M. *Aved de Magnac.* 12 fr.

ZEUNER. — **Théorie mécanique de la Chaleur**, avec ses Applications aux machines. 2e édition, entièrement refondue, avec fig. dans le texte et tableaux. Ouvrage traduit de l'allemand et augmenté d'un *Appendice* comprenant les travaux postérieurs à la publication du texte allemand, en particulier les importantes Recherches de M. Zeuner sur les propriétés de la vapeur d'eau surchauffée; par M. *M. Arnthal.* Un fort volume in-8; 1869. 10 fr.

NOUVELLES THÈSES.

ASTOR, Professeur au Lycée de Nice. — **Etude sur quelques surfaces** (surfaces engendrées par un cercle dont le plan se déplace parallèlement à un plan fixe, etc.). In-4, avec figures; 1880. 5 fr.

D'ESCLAIBES (l'Abbé), ancien élève de l'École Polyt. — **Sur les applications des fonctions elliptiques à l'étude des courbes du premier genre.** In-4; 1880. 8 fr.

THOULET, Préparateur au Collège de France. — **Contributions à l'étude des propriétés physiques et chimiques des minéraux microscopiques.** In-4; 1880. 3 fr.

EXTRAIT DU CATALOGUE DE PHOTOGRAPHIE.

Abney (le capitaine), Professeur de Chimie et de Photographie à l'École militaire de Chatham. — *Cours de Photographie.* Traduit de l'anglais par Léonce Rommelaer. 3e éd. Gr. in-8, avec planche photoglyptique; 1877. 5 fr.

Aide-Mémoire de Photographie pour 1880, publié sous les auspices de la Société photographique de Toulouse, par M. C. Fabre. Cinquième année, contenant de nombreux renseignements sur les procédés rapides à employer pour portraits dans l'atelier, les émulsions au coton-poudre, à la gélatine, etc. In-18, avec fig. dans le texte.

Prix : Broché.................. 1 fr. 75 c.
Cartonné.................. 2 fr. 25 c.

Les volumes des années 1876, 1877, 1878 *et* 1879 *se vendent aux mêmes prix.*

Annuaire Photographique, par *A. Davanne.* 3 vol. in-18, années 1866 à 1868. Chaque volume se vend séparément :

Prix : Broché.................. 1 fr. 75.
Cartonné.................. 2 fr. 25.

Aubert. — *Traité élémentaire et pratique de Photographie au charbon.* In-18 jésus; 1878. 1 fr. 50 c.

Barreswil et Davanne. — *Chimie photographique.* 4e édition, revue et augmentée. In-8, avec fig.... 8 fr. 50 c.

Belloc (A.). — *Photographie rationnelle, Traité complet théorique et pratique.* In-8.................... 5 fr.

Blanquart-Evrard. — *Intervention de l'art dans la Photographie.* In-12, avec une photographie... 1 fr. 50 c.

Boivin (F.). — *Procédé au collodion sec.* 2e édition, augmentée du formulaire de Th. Sutton, des tirages aux poudres inertes (procédé au charbon), ainsi que de notions pratiques sur la Photographie, l'Électrogravure et l'Impression à l'encre grasse. In-18 j.; 1876. 1 fr. 50 c.

Bulletin de la Société française de Photographie. Grand in-8, mensuel. 26e année; 1880.

Prix pour un an : Paris et les départements.. 12 fr.
Étranger................ 15 fr.

Chardon (Alfred). — *Photographie par émulsion sèche au bromure d'argent pur* (Ouvrage couronné par le Ministre de l'Instruction publique et par la Société française de Photographie). Gr. in-8, avec fig.; 1877.. 4 fr. 50 c.

Chardon (Alfred). — *Photographie par émulsion sensible, au bromure d'argent et à la gélatine.* Grand in-8, avec figures; 1880. 3 fr. 50 c.

Clément (R.). — *Méthode pratique pour déterminer exactement le temps de pose en Photographie,* applicable à tous les procédés et à tous les objectifs, indispensable pour l'usage des nouveaux procédés rapides. In-8; 1880. 1 fr. 50 c.

Cordier (V.). — *Les insuccès en Photographie; causes et remèdes.* 3e édit. avec fig. nouveau tirage. In-18 jésus; 1880............................. 1 fr. 75 c.

Davanne. — *Les Progrès de la Photographie.* Résumé comprenant les perfectionnements apportés aux divers procédés photographiques pour les épreuves négatives et les épreuves positives, les nouveaux modes de tirage des épreuves positives par les impressions aux poudres colorées et par les impressions aux encres grasses. In-8, 1877................................. 6 fr. 50 c.

Davanne. — *La Photographie, ses origines et ses applications.* Conférence de l'Association scientifique de France, faite à la Sorbonne le 20 mars 1879. Grand in-8, avec figures; 1879. 1 fr. 25 c.

Despaquis. — *Photographie au charbon.* (Gélatine et Bichromates alcalins.) In-18 jésus........ 1 fr. 50 c.

Ducos du Hauron (H. et L.). — *Traité pratique de la Photographie des couleurs* (Héliochromie). Description des moyens d'exécution récemment découverts. In-8; 1878.................................. 3 fr.

Dumoulin. — *Manuel élémentaire de Photographie au collodion humide.* In-18 jésus, avec figures.. 1 fr. 50 c.

Dumoulin. — *Les Couleurs reproduites en Photographie;* Historique, théorie et pratique. In-18 jésus. 1 fr. 50 c.

Fortier (G.). — *La Photolithographie, son origine, ses procédés, ses applications.* Petit in-8, orné de planches, fleurons, culs-de-lampe, etc., obtenus au moyen de la Photolithographie; 1876.............. 3 fr. 50 c.

Fouque. — *La vérité sur l'invention de la Photographie. — Nicéphore Niepce, sa vie, ses essais et ses travaux.* In-8, avec planches photolithographiques reproduisant diverses pièces authentiques.......................... 6 fr.

Godard (E.). — *Encyclopédie des virages.* 2e édition, revue et augmentée, contenant la préparation des sels d'or et d'argent. In-8.......................... 2 fr.

Hannot (le capitaine), Chef du service de la Photographie à l'Institut cartographique militaire de Belgique. — *Exposé complet du procédé photographique à l'émulsion* de M. Warnercke, lauréat du Concours international pour le meilleur procédé au collodion sec rapide, institué par l'Association belge de Photographie en 1876. In-18 jésus; 1880. 1 fr. 50 c.

Hannot (le capitaine). — *Les Éléments de la Photographie.* I. Aperçu historique et exposition des opérations de la Photographie. — II. Propriété des sels d'argent. — III. Optique photographique. In-8....... 1 fr. 50 c.

Huberson. — *Formulaire de la Photographie aux sels d'argent.* In-18........................... 1 fr. 50 c.

Huberson. — *Précis de Microphotographie.* In-18 jésus, avec figures dans le texte et une planche en photogravure; 1879. 2 fr.

Klary. — *Retouche photographique,* par *un Spécialiste.* Gr. in-8, de 48 pages, orné de deux belles études de retouche d'après un cliché de M. Fritz Luckhardt, de Vienne; 1875. 5 fr.

La Blanchère (H. de). — *Monographie du stéréoscope et des épreuves stéréoscopiques.* In-8, avec figures.. 5 fr.

Lallemand. — *Nouveaux procédés d'impression autographique et de photolithographie.* In-12........... 1 fr.

Liesegang, Docteur ès sciences. — *Notes photographiques.* Collodion humide, émulsion au collodion, à la gélatine, papier albuminé; procédé au charbon, agrandissements, photomicrographie, ferrotypie, construction des galeries vitrées. Petit in-8, avec gravures dans le texte et une phototypie. 2e édition, revue et augmentée; 1880. 5 fr.

Monckhoven (Van). — *Nouveau procédé de Photographie sur plaques de fer,* et Notice sur les vernis photographiques et le collodion sec. In-8................ 3 fr

Moock. — *Traité pratique complet d'impressions photographiques aux encres grasses et de phototypographie*

et photogravure. 2e édition, beaucoup augmentée. In-18 jésus; 1877.. 3 fr.

Odagir (H.). — *Le Procédé au gélatino-bromure*, suivi d'une Note de M. Milson sur les clichés portatifs et de la traduction des Notices de M. Kennett et Rév. G. Palmer. In-18 jésus, avec figures dans le texte; 1877. 1 fr. 50 c.

Pélegry, Peintre amateur, Membre de la Société photographique de Toulouse. — *La Photographie des peintres, des voyageurs et des touristes. Nouveau procédé sur papier huilé*, simplifiant le bagage et facilitant toutes les opérations, avec indication de la manière de construire soi-même les instruments nécessaires. In-18 jésus, avec un spécimen; 1879....... 1 fr. 75 c.

Perrot de Chaumeux (L.). — *Premières Leçons de Photographie.* In-12, avec figures. 2e édition..... 1 fr. 50 c.

Phipson (le Dr). — *Le Préparateur photographe*, ou Traité de Chimie à l'usage des photographes et des fabricants de produits photographiques. In-12, avec fig..... 3 fr.

Radau (R.). — *La Lumière et les climats.* In-18 jésus; 1877.. 1 fr. 75 c.

Radau (R.). — *Les radiations chimiques du Soleil.* In-18 jésus; 1877............................ 1 fr. 50 c.

Radau (R.). — *Actinométrie.* In-18 jésus; 1877.... 2 fr.

Radau (R.). — *La Photographie et ses applications scientifiques.* In-18 jésus; 1878............... 1 fr. 75 c.

Rodrigues (J.-J.), Chef de la Section photographique et artistique (Direction générale des travaux géographiques du Portugal). — *Procédés photographiques et méthodes diverses d'impressions aux encres grasses*, employés à la Section photographique et artistique. Grand in-8; 1879.. 2 fr. 50 c.

Russel (C.). — *Le Procédé au Tannin*, traduit de l'anglais par M. Aimé Girard. 2e éd. In-18 jésus, avec fig. 2 fr. 50 c.

Trutat (E.). — *La Photographie appliquée à l'Archéologie;* Reproduction des *Monuments, OEuvres d'art, Mobilier, Inscriptions, Manuscrits.* In-18 jésus, avec cinq photolithographies; 1879. 3 fr.

Vidal (Léon). — *Traité pratique de Photographie au charbon*, complété par la description de divers *Procédés d'impressions inaltérables* (*Photochromie et tirages photomécaniques*). 3e édition. In-18 jésus, avec une planche spécimen de Photochromie et 2 planches spécimens d'impression à l'encre grasse; 1877............ 4 fr. 50 c.

Vidal (Léon). — *Traité pratique de Phototypie*, ou *Impression à l'encre grasse sur couche de gélatine.* In-18 jésus, avec belles figures sur bois dans le texte et spécimens; 1879. 8 fr.

Vidal (Léon). — *La Photographie appliquée aux arts industriels de reproduction.* In-18 jésus, avec figures; 1880..... 1 fr. 50 c.

(Mai 1880.)

6095 Paris. — Imp. Gauthier-Villars, quai des Augustins, 55.

LIBRAIRIE DE GAUTHIER-VILLARS

Quai des Grands-Augustins, 55, Paris.

Boussingault, Membre de l'Institut. — *Agronomie, Chimie agricole et Physiologie.* 2e édition. 6 volumes in-8, avec planches sur cuivre et figures dans le texte; 1860-1861-1864-1868-1874-1878. 32 fr.

Chacun des tomes I à IV se vend séparément. 5 fr.

Les tomes V et VI se vendent séparément. 6 fr.

Cahours (Auguste), Professeur à l'École Polytechnique. — *Traité de Chimie générale élémentaire.* Leçons professées à l'École Centrale des Arts et Manufactures et à l'École Polytechnique. (*Autorisé par décision ministérielle.*)

Chimie inorganique. 4e édition. 3 volumes in-18 jésus avec 250 figures environ et 8 planches; 1878. 15 fr.

Chaque Volume se vend séparément. 6 fr.

Chimie organique. 3e édition, 3 volumes in-18 jésus avec figures; 1874-1875. 15 fr.

Chaque Volume se vend séparément. 6 fr.

Dumas, Secrétaire perpétuel de l'Académie des Sciences. — *Leçons sur la Philosophie chimique* professées au Collège de France en 1836, recueillies par M. *Bineau.* 2e édition. In-8; 1878. 7 fr.

Jamin (J.). — *Petit Traité de Physique*, à l'usage des Établissements d'Instruction, des aspirants aux Baccalauréats et des candidats aux Écoles du Gouvernement. In-8, avec 686 figures dans le texte; 1870. 8 fr.

Moock. — *Traité pratique complet d'Impressions photographiques aux encres grasses et de Phototypographie et Photogravure.* 2e édition, beaucoup augmentée. In-18 jésus; 1877. 3 fr.

Radau (R.). — *La Lumière et les climats.* In-18 jésus; 1877. 1 fr. 75 c.

Radau (R.). — *Les Radiations chimiques du Soleil.* In-18 jésus; 1877. 1 fr. 50 c.

Radau (R.). — *Actinométrie.* In-18 jésus; 1877. 2 fr.

Radau (R.). — *La Photographie et ses applications scientifiques.* In-18 jésus; 1878. 1 fr. 75 c.

Vidal (Léon). — *Traité pratique de Photographie au charbon*, complété par la description de divers *Procédés d'impressions inaltérables* (*Photochromie et tirages photo-mécaniques*). 3e édition. In-18 jésus, avec une planche spécimen de Photochromie et 2 planches d'impression à l'encre grasse; 1877. 4 fr. 50 c.

Vidal (Léon). — *Traité pratique de Phototypie, ou Impression à l'encre grasse sur couche de gélatine.* In-18 jésus, avec belles figures sur bois dans le texte et deux planches spécimens; 1879. 8 fr.

Paris. — Imp. Gauthier-Villars, 55, quai des Grands-Augustins.

www.ingramcontent.com/pod-product-compliance
Lightning Source LLC
Chambersburg PA
CBHW062011200326
41519CB00017B/4767

* 9 7 8 2 0 1 2 5 6 2 1 2 7 *